JN414952

Beauty Illustration

뷰티 일러스트레이션

최영숙 · 김양은 · 곽지은· 석은경 · 주은경 · 이주영 공저

光文閣
www.kwangmoonkag.co.kr

PROLOGUE

머리말 :

삶의 질이 향상됨에 따라 개개인이 단정하고 정리된 외모를 추구할 뿐만 아니라 개인의 수려한 인상과 이미지가 자신의 자산 가치를 높여 주는 사회가 되었다. 이에 따라 뷰티 산업이 발전되었으며 기능 기반 '미용 산업'이 신지식 기반 고부가가치를 창조하는 '뷰티 산업'으로 거듭나게 되었다. 그러므로 개개인의 인체를 보다 계획적으로 관리하고 아름답게 단장해 주기 위한 뷰티 작업이 필요하게 되었으며, 그 계획 단계의 직무가 강조될 수밖에 없는 상황이 도래되었다. 또한, 뷰티 교육에 있어서도 그 계획 단계의 직무를 향상시키기 위한 디자인 개념의 교육이 강조될 것으로 전망된다.

뷰티 일러스트레이션은 인체의 외모를 디자인하기 위한 계획 단계의 그림으로서 뷰티 디자이너가 창의적인 아이디어를 그림으로 제시함으로써 고객에게 고부가가치를 서비스할 뿐만 아니라 일러스트레이션 그 자체만으로도 뷰티디자이너의 창의적 예술성을 평가할 수 있는 작품으로서의 가치도 지니게 된다.

뷰티 일러스트레이션은 뷰티 디자이너들이 고객 인체에 대한 정보를 체계적으로 수집하고, 이를 과학적으로 도출하여 예술적 가치를 생산할 수 있게 해주는 고부가가치의 작업이다.

P R O L O G U E

일반적으로 헤어 디자이너나 메이크업 디자이너들은 이러한 뷰티 일러스트레이션의 중요성을 이미 잘 알고 있지만, 자신의 아이디어나 창의적인 이미지를 그림으로 형상화하는 점에서는 어려움을 갖고 있는 현실이다. 그러므로 이 책에서는 인체를 좀 더 쉽게 묘사할 수 있는 방법을 제시했다.

뷰티 일러스트레이션에 필요되는 기본적인 인체의 그리드를 만들어 그림을 반복적으로 따라하게 함으로써 기본적인 묘사를 빠른 시간 내에 가능하게 하는 연습 방법을 소개하고자 한다. 물론 소묘력이 있는 뷰티 디자이너들은 이러한 방법보다는 자유로운 자신의 감성에 충실한 창의적인 일러스트레이션을 하는 편이 더욱 좋다.

뷰티 일러스트레이션의 폭넓은 해석을 위하여 이 책에 작품을 싣게 하여 주신 이주영, 박미정, 김태숙, 채혜주, 김미영님 외 많은 졸업생들과 재학생들께도 감사의 말씀을 올린다. 끝으로 이 책의 출판에 물심양면으로 애써주신 광문각출판사 박정태 사장님과 임직원 모두에게 감사의 뜻을 올린다.

2012년 2월

저자

C O N T E N T S

4. 헤어 스케치

C O N T E N T S

5. 메이크업 일러스트레이션

6. 뷰티 디자인

C O N T E N T S

CHAPTER 1

뷰티 일러스트레이션의 표현 요소

B E A U T Y   I L L U S T R A T I O N

1. 뷰티 일러스트레이션Beauty Illustration 이란?

뷰티 일러스트레이션은 뷰티(Beauty)와 일러스트레이션(Illustration)이 합쳐진 용어로서 인체의 외모를 임의의 목적에 따라 디자인하기 위해 인체디자인[1]의 계획 단계에 있어서 인체디자이너의 아이디어가 그림이나 다양한 시각적인 재질로 표현되는 것을 뷰티 일러스트레이션이라 할 수 있다.

보다 높은 삶의 질을 추구하는 현대인의 요구에 따라 인체의 외모를 작업의 매체와 대상으로 하는 뷰티산업이 급속도로 발전하고 있다. 뷰티산업 중 시각적 디자인 요소들은 필요로 하는 구체적인 작업들을 헤어디자인, 메이크업디자인(무대 분장, 특수 효과 분장, 뷰티 메이크업), 네일디자인이라 하며 이들을 통칭하는 광의의 의미를 뷰티 디자인이라 명명하게 되었다. 따라서 오늘날에 '뷰티' 라는 단어는 인체를 아름답게 꾸며주는 모든 작업들의 대명사가 되기 시작한 것이다. 루키즘[2]의 영향으로 인하여 자신의 외모를 시각적으로 디자인하여 스스로의 만족감과 자신감을 고취시킬 뿐만 아니라 자신의 외모가 인격적 자산 가치에 영향을 주는 행태의 시대가 도래한 것이다. 이처럼 각자의 개성을 좀 더 아름답게 예술적으로 표출하고자 하는 인격의 시각화 시대에 있어서, 좀 더 차별화되는 창의적인 인체디

---

1) 인체디자인 : 본서에서 인체디자인의 의미는 인체의 외형을 아름답게 가꾸고자 변형하거나 특정 인물 묘사를 위하여 헤어디자인, 메이크업디자인, 네일디자인 등 인체의 일부를 직접적으로 변화시키는 작업의 과정에서 각각의 뷰티디자이너들이 아이디어를 스케치 하고, 구상하는 이미지들이 결과물로 도출되기까지의 구체적인 작업들의 과정을 의미한다.

2) 루키즘(Lookism) : 외모를 중요시하는 현대인의 생활 패턴을 루키즘이라 하며, 2008년 8월 윌리엄 세파이어(William Safire)가 〈뉴욕타임즈〉에 'lookism' 이라는 단어를 사용하면서 부터 시작되었다.

자인을 위하여 그 작업의 아이디어 발상이나 표현을 위한 직관적 영감을 시각적으로 전달하고자 계획하는 것이 뷰티 디자인이다. 이처럼 뷰티 디자인이 부각됨에 따라 뷰티 디자인의 계획 단계의 작업인 뷰티 일러스트레이션이 중요하게 되었다.

또한, 뷰티 소비자들은 그 계획 단계의 작업을 통하여 뷰티디자이너들의 감성과 예술성을 발견할 수 있으며, 이를 통한 신뢰는 뷰티 소비자들에게 단순히 뷰티의 기능적 서비스를 넘어 뷰티 문화의 수혜자로서의 자부심을 느끼게 해 주기도 한다.

일러스트레이션(Illustration)의 어원은 '빛을 부여한다'와 '빛'의 의미인 라틴어에서 유래되었다. 그리고 일러스트레이션의 원형은 삽화(揷畵) 또는 이야기를 해설하는 그림으로서 중세시대 서체의 필사본에 있어서의 일루미네이션(Illumination)이 일러스트레이션의 원형이라 할 수 있다. 일루미네이션은 색슨어족의 limlimm(그림을 그린다)와 프랑스어의 luminer(비춘다, 광채를 부여한다)의 복합어로서 빛을 주어 돋보이게 하는 그림, 설명을 위한 그림, 장식을 위한 그림 등으로 다양하게 해석할 수 있다. 빛을 주어 돋보이게 하는 그림은 단순히 눈에 보이는 대상뿐만 아니라, 눈으로 볼 수 없는 감정이나 영감까지도 시각화 하여 대중에게 의미를 전달하는 것으로도 해석할 수 있다.

일러스트레이션은 대중을 설득하고 알리는 수단으로서 형식에 있어서는 회화와 디자인의 중간 영역이고, 그 목적에 있어서는 대중 설득과 메시지 전달, 심미적 감동의 유발 등의 목적을 가지고 있다. 표현 요소로서는 점, 선, 면, 입체와 같은 형태와 색채와 질감을 통한 커뮤니케이션이며, 내용과 표현에 있어서는 제한이 없는 장르이다. 일러스트레이션은 회화가 가지고 있는 독창성과 작품성, 그리고 디자인이 가지는 대중성과 사회성을 모두 충족시키는 독자적 장르이다.

[그림 1-1] 중세시대의 양피지 책을 그림으로 설명된 필사본(Illuminated manuscripts)이라 하였으며, 여기에서 일루미네이션이 유래되었다.

1) 점, 선, 면의 연습

(1) 점

점은 도형을 형성하는 가장 초기 단계의 단위 형태로서 기하학적 정의로 볼 때 위치만 표시할 수 있으나 부피를 가질 수 없다. 시지각적인 관점으로 점의 크기를 인식할 때는 이미 선이나 면의 개념을 형성하고 있다고 보아야 한다. 점은 원형뿐만 아니라 정방형, 정삼각형, 다각형 등 기타 여러 가지의 형태들로 묘사할 수 있으며 관찰자의 거리에 따라 점으로 인식될 수 있다. 시지각 이론 중 그루핑(grouping)원리[3)]에 의하여 점들이 모이면 선을 형성하

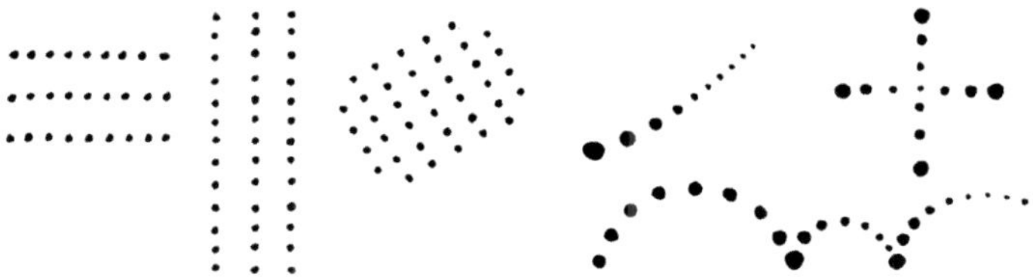

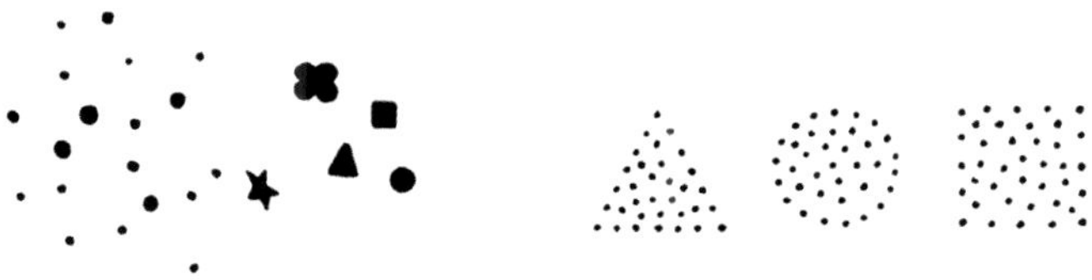

3) 그루핑(grouping)의 원리 : Carolyn M. Bloomer(1976), Principles of visual perception, Van nostrand reinhold, 인간은 도형을 부분으로 보기보다는 전체를 하나로 보고자 하는 심리가 작용한다는 개념의 시지각적 원리를 말하는 것으로서 독일의 케슈탈트 심리학자들이 주장한 다음의 시지각의 법칙에서 잘 설명된다.

- 접근성 : 근접한 것끼리 짝지어져 보이는 현상
- 유사성 : 형태, 규모, 색, 질감 등에 있어서 유사한 시각 요소들이 연결되어 보이는 착시 현상
- 연속성 : 유사한 배열이 하나의 묶음으로 시각적 이미지의 연속 장면처럼 보이는 착시 현상
- 폐쇄성 : 시각적 요소들이 어떤 현상으로 보여지는 착시 현상

고, 면으로까지 인식되게 한다. 뷰티 일러스트레이션에 있어서는 연속적인 점이 선보다 더욱 강한 시각적 효과를 구사하기도 한다.

(2) 선

선의 기하학적인 정의는 점의 이동과 연결이다. 그리고 크게 두 종류의 선으로서 직선과 곡선으로 분류할 수 있다. 선은 방향, 길이, 폭을 갖는다. 또한, 선은 면을 형성하고 그 방향과 각도에 따라 각기 다른 형태의 선을 만든다. 선의 표현에 있어서는 필압의 정도에 따라 무게감을 주기도 하고, 작가의 예술적 감성과 개성을 표현할 수 있다.

그리고 종이의 재질과 선 표현의 재료(연필, 펜, 붓펜, 파스텔, 차콜, 등)에 따라 각기 다른 형태의 선을 형성한다.

형태를 묘사하기 위한 선의 표현 방법은 다양하게 많으나 간단히 정리하면 다음과 같다.[4)]

① 도식 표현선 : 선의 길이, 넓이, 깊이, 방향, 각도 등 도식을 표현하는데 요구되는 선의 표현 방법

② 양감 표형선 : 평면의 종이 위에 입체적 부피감을 주는 양감을 나타내기 위해 선과 선이 연결되게 표현하는 방법

③ 필압 표현선 : 율동감 굵기의 조절, 힘의 조절을 강약으로 하여 필압을 주어 한 획에 볼륨이 나타나게 하는 표현 방법

④ 자유 표현선 : 작가의 순전한 감정에 의존되에 감성이 손끝으로 무의식적으로 흐르는 무방식, 무규제의 표현 방법

4) Nathan Goldstein(1977),The art of responsive drawing, Prentice Hall,New Jersey,p40~73.

[그림 1-2] 도식 표현의 선

[그림 1-3] 양감 표현의 선

[그림 1-4] 필압 표현의 선

[그림 1-5] 자유 표현의 선

선 그리기

아래의 선 위에 그림과 같이 필압을 주면서 4B연필로 그려보세요.

(3) 면

면의 기하학적 정의는 선의 이동 흔적이다. 기하학적 정의에 따른 해석 방법으로는 직선이 평행 이동하여 연속적으로 생성되는 면은 정방형, 회전하여 연속적으로 생성되는 면은 원형이 되는 것이다. 이와 같이 선의 표현 방법에 의한 다양한 면의 형태들이 선의 연속적 운동에 의해 생성된다.

2) 명도 단계의 연습

가장 밝은 명도의 면에서 가장 어둡게 표현할 수 있는 명도 면을 10단계로 하여 연필로 면을 그려본다. 그리고 이음새가 없도록 그라데이션으로 그려본다. 선들이 이어져서 면이 생성되는 과정과 명암 연습을 통한 양감을 익힌다.

[그림 1-6] 명도 단계

3) 육면체, 원기둥, 구 연습

(1) 육면체

빛의 방향에 따른 명도 표현

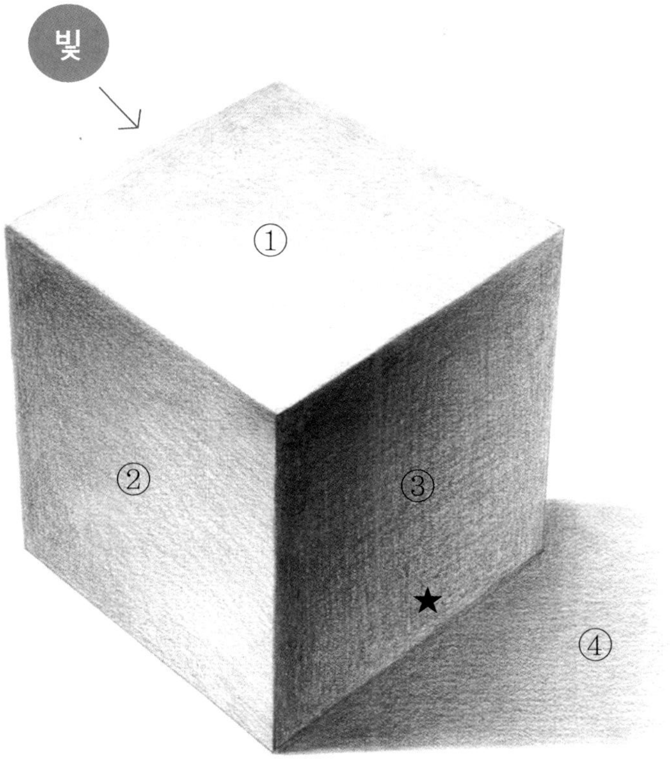

[그림 1-7] 육면체

빛의 방향이 좌측에서 우측으로 향할 때, 육면체에 있어서 각각의 면의 명도는 ①이 가장 높게, 그리고 ②, ③, ④의 순으로 명도를 낮게 표현한다. 각각의 면에 있어서 명도 차이는 위의 그림을 참고로 표현한다. ★부분은 역광[5] 부분이다.

5) 역광 : 가장 명도가 낮게 표현되는 면과 그림자 사이에 그림자에 아주 미세한 양의 빛이 반사되어 어두운 가운데 살짝 밝게 표현되는 일부분을 말한다. 화면이 평면화되는 것을 방지하여 피사체가 입체감 있게 묘사되도록 하는 기능을 해준다.

육면체 그리기

4B연필로 필압을 주어가면서 ① → ② → ③ → ④의 순으로 육면체 그리는 연습한다.

①

②

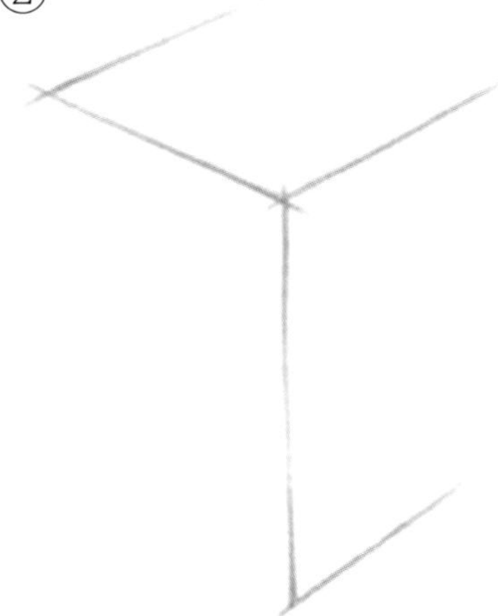

③

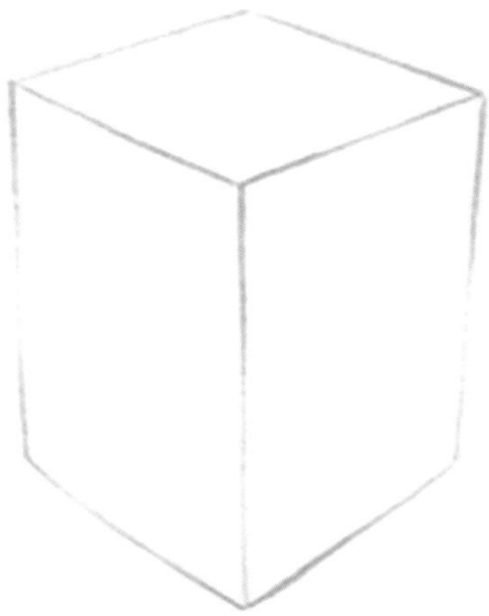

④

투시도 기법으로 육면체 그리기

양쪽의 소실점 간의 거리와 도형의 위치에 따라 육면체의 모양이 각각 틀리게 보인다. 자를 이용하여 아래의 그림 위를 따라 그려보고 명암도 표현해 보세요.

①

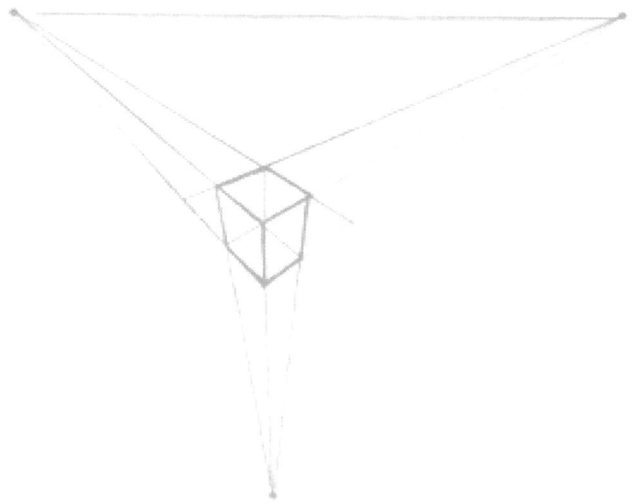

②

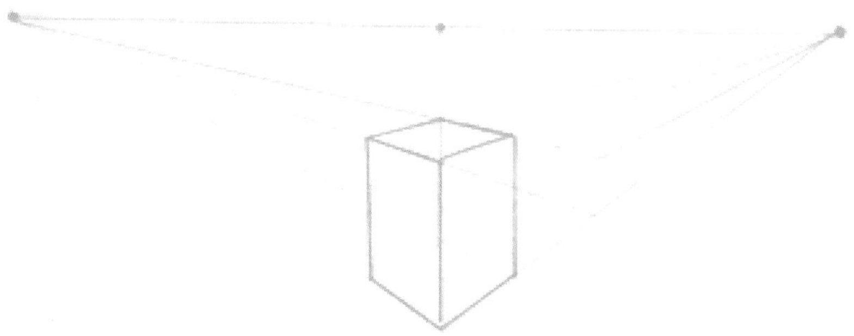

③

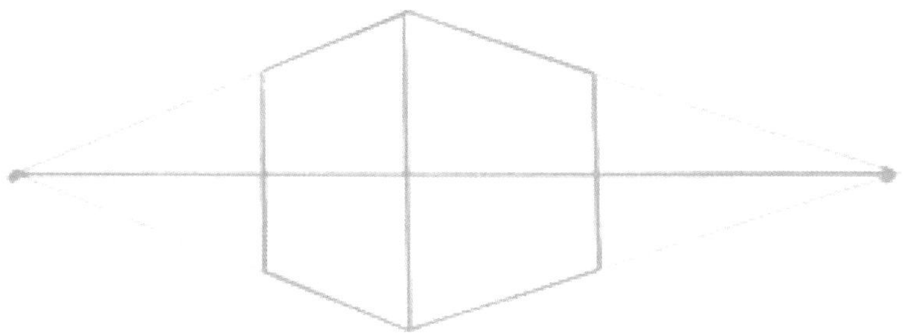

(2) 원기둥

빛의 방향에 따른 명도 표현

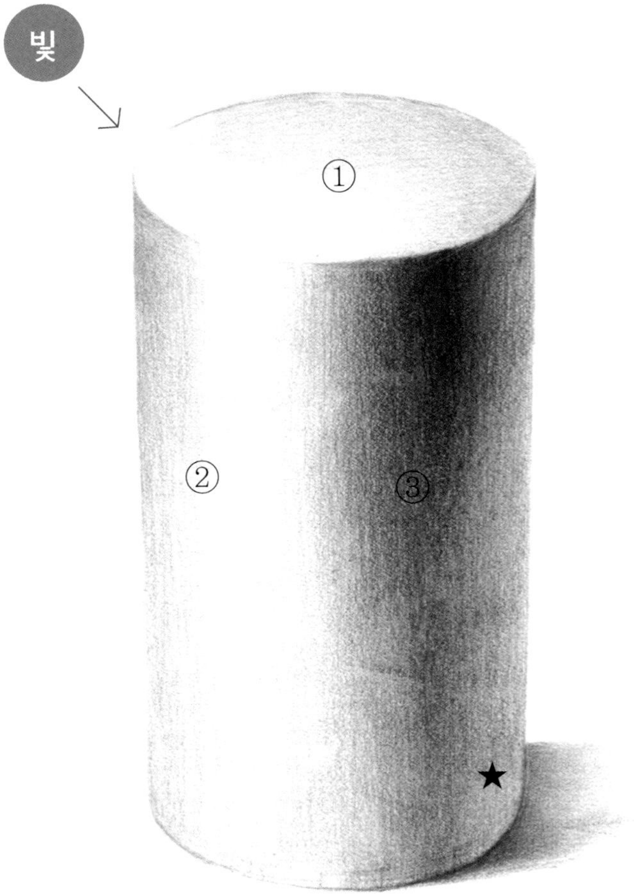

[그림 1-8] 원기둥

빛의 방향이 좌측에서 우측으로 향할 때, 원기둥에 있어서 명도는 ①이 가장 높게, 그리고 ②, ③, ④의 순으로 명도를 낮게 표현한다.

세부적인 명도 차이는 위의 그림을 참고로 표현한다. ★부분은 역광 부분이다.

원기둥 모서리 그리기

원기둥 그리기에 있어서 모서리 부분은 그림 ①과 같이 꺾이지 않게 유연한 곡선의 연결로 그려야 한다. ②번 그림을 연결하여 원기둥 그림을 완성하고 명암과 그림자도 그려보세요.

①

(×)

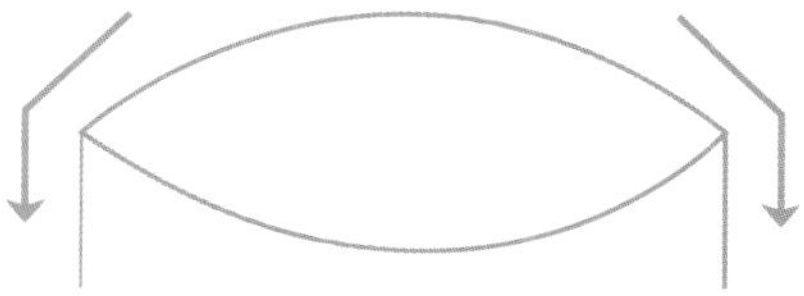

②

(○)

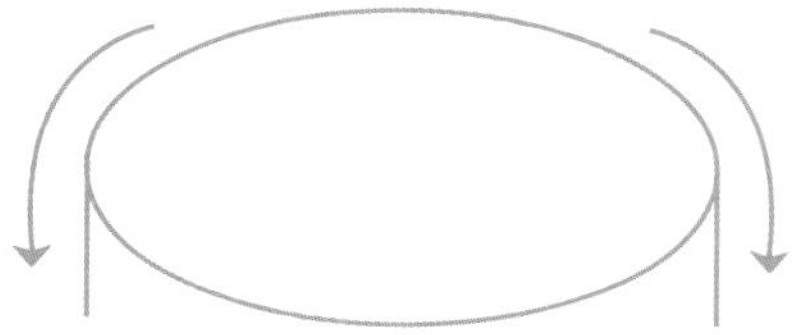

눈높이에 따른 원기둥 그리기

눈높이에 따라 그림과 같이 원기둥의 밑면과 윗면의 보이는 모양이 다르게 보인다. 이 점에 유의하여 그림 위를 따라 그려보세요.

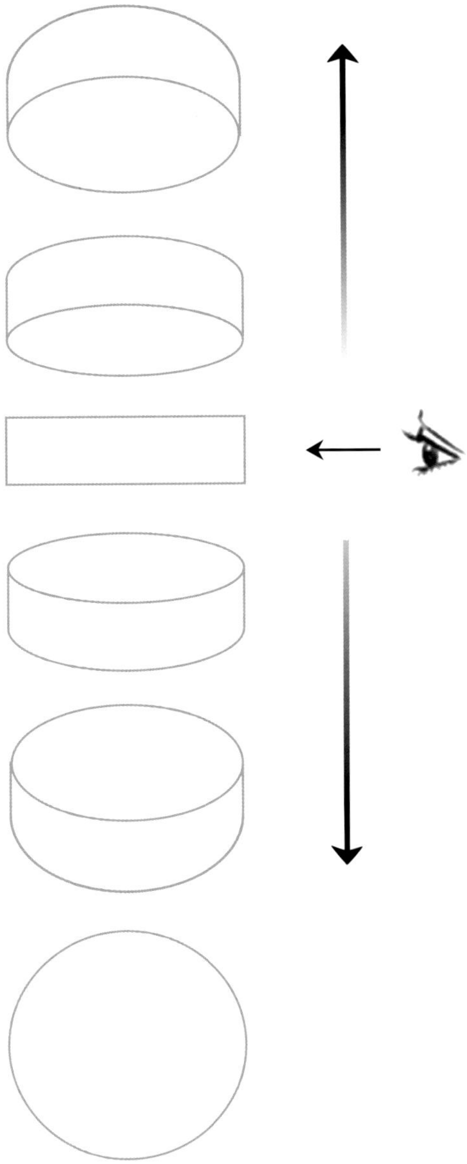

(3) 구

① 빛의 방향에 따른 명도 표현

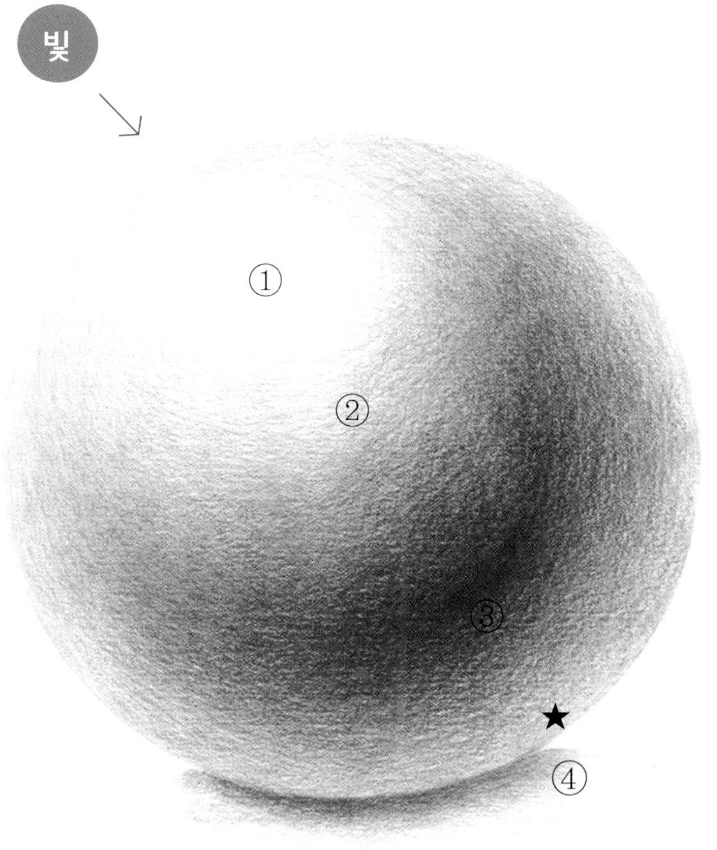

[그림 1-9] 구

빛의 방향이 좌측에서 우측으로 향할 때, 구에 있어서 명도 표현은 ①이 가장 높게, 그리고 ②, ③, ④의 순으로 명도를 낮게 표현한다. ★부분은 역광 부분이다.

② 그림자의 위치에 따른 공간 표현

그림자의 표현에 따라 구의 위치와 공간감이 각각 다르게 나타난다.

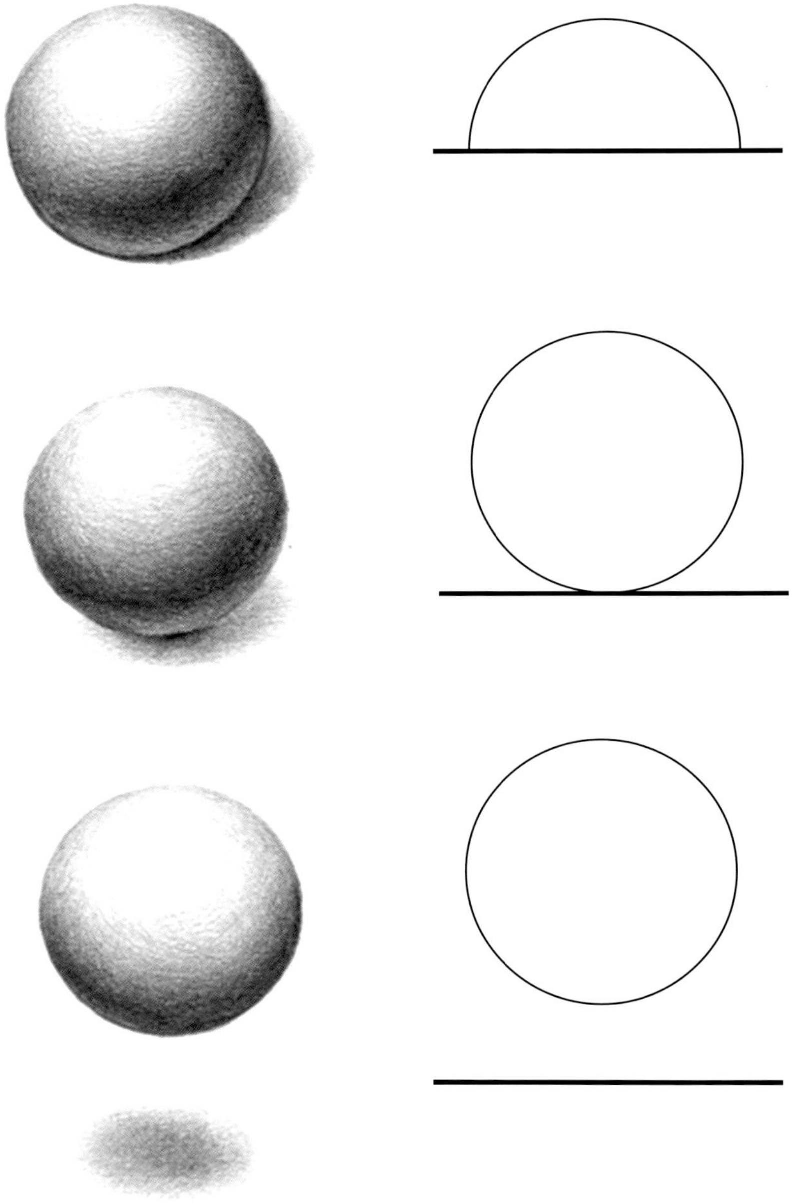

구 그리기

- 직각으로 같은 길이의 수직 수평선을 그은 후 가장자리에 원을 그린다.
- 중심점을 통과하는 45° 사선을 그린 후 아래 그림과 같이 둥근 선으로 4등분 하고 명도 표현을 위한 선을 가늘게 그어둔다.
- ①이 가장 명도가 높게 그리고 ②, ③ 순으로 명도가 낮게 명도를 표현한다.
- 그림자를 그려준다.

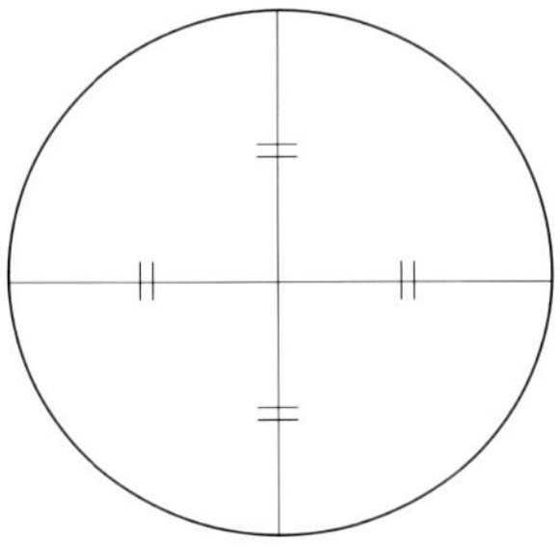

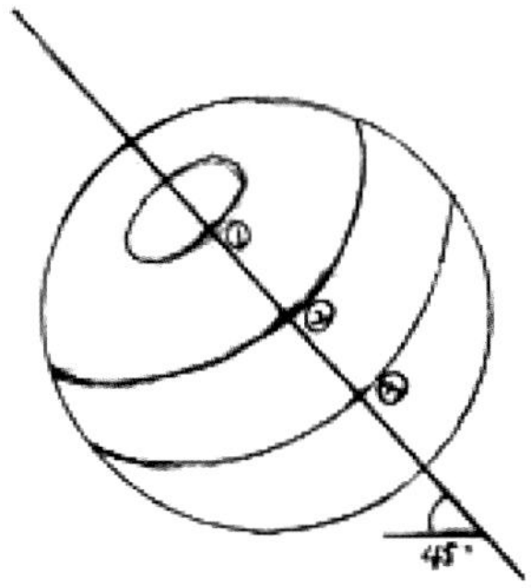

- 다음의 원 위에 구와 그림자를 그려보세요.

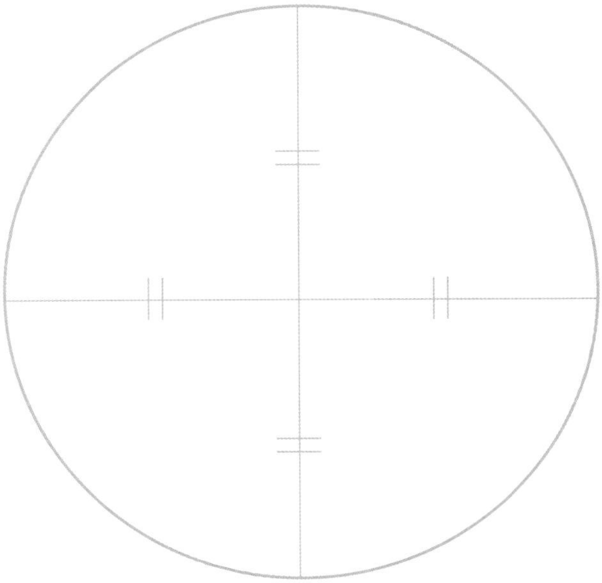

CHAPTER 2

인체의 이해

BEAUTY ILLUSTRATION

뷰티 일러스트레이션에 있어서 인체의 구조적 이해는 아주 중요하다. 왜냐하면 뷰티 일러스트레이션은 인체가 궁극적 표현의 매체이므로 모든 표현 요소들이 인체의 피부에 직접 작업 된다는 가정하에 그림이 그려져야 하기 때문이다. 사람의 외형은 그 골격을 형성하는 뼈와 근육의 형태에 의존한다. 피부는 이러한 골격과 근육 위에 얇게 올려져서 골격과 근육의 형태를 매끈한 질감으로 고스란히 드러내고 있다고 이해하는 편이 좋겠다.

1. 두개골의 뼈 명칭

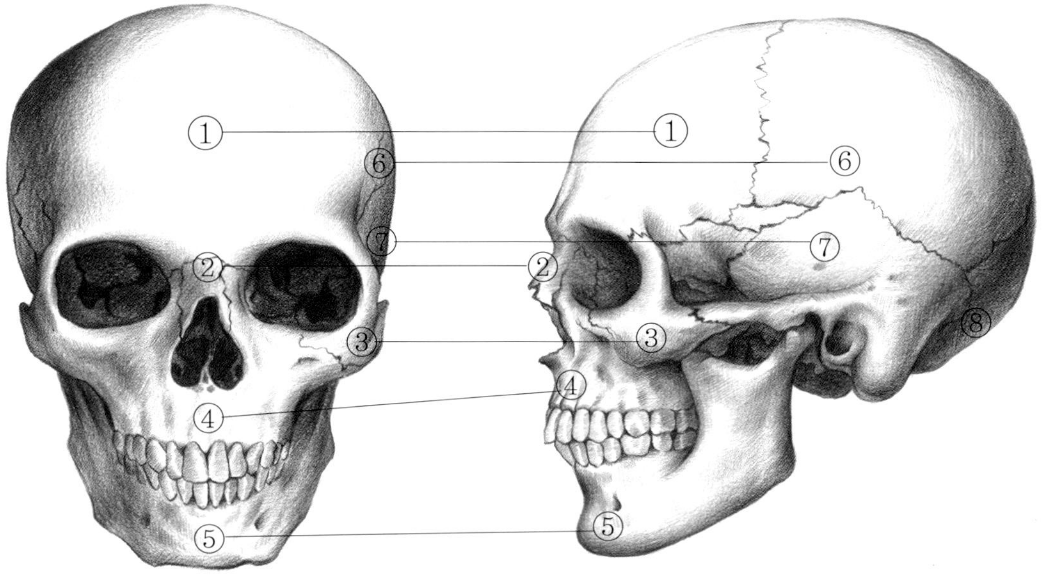

[정면 두개골] [측면 두개골]

① 전두골(Frontal born)	⑤ 하악골, 아래턱뼈(Mandible bone)
② 비근골, 코뼈(Nasal bone)	⑥ 두정골, 마루뼈(Pariental bone)
③ 권골, 광대뼈(Zygomatic bone)	⑦ 측두골, 관자뼈(Temporal bone)
④ 상악골, 위턱뼈(Maxilla bone)	⑧ 후두골, 뒤통수뼈(Occipital bone)

2. 얼굴의 근육 명칭

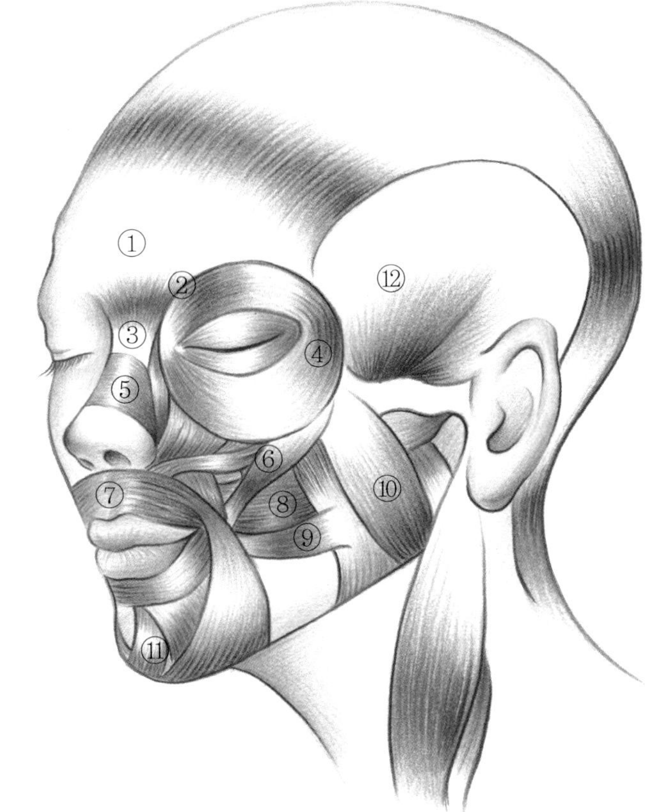

① 전두근(Frontalis) : 이마 부위로서 눈썹을 움직인다.

② 추미근(Corrugater Super Cilli) : 눈썹 피부를 움직이는 역할을 한다.

③ 비근근(Procerus) : 코의 윗부분으로서 미간과 연결되어 있다. 미간을 찡거리거나 콧등의 주름을 형성한다.

④ 안륜근(Orbicularis Oculi) : 눈 주위를 둥글게 감싸고 있으며, 눈을 감거나 뜨게 한다.

⑤ 비근(Nasalis) : 코의 앞 부분을 감싸고 있으며, 코주름과 관련 있다.

⑥ 협골근(Zygomaticus) : 입꼬리를 아래위로 움직여 뺨이 움직인다.

⑦ 구륜근(Orbicularis oris) : 입술 주위를 둥글게 감싸고 있으며, 입 모양을 결정짓는다.

⑧ 협근(Buccinator) : 뺨의 넓고 얇은 근육으로 뺨의 형태를 만든다. 바람을 불 때 뺨이 불룩 나오게 한다.

⑨ 소근(Risorius) : 뺨의 아랫부분에 있으며, 입꼬리(구각)와 연결되어 있어 얼굴을 찡그릴 때나 웃을 때 입꼬리를 뒤로 당겨주며, 뺨에 보조개를 만든다.

⑩ 교근(Masseter) : 광대뼈에서 아래턱뼈에 이어지는 근육으로서 턱을 아래로 뒤로 움직이게 한다.

⑪ 이근(Mentalis) : 턱을 형성하고 있으며, 턱을 움직인다. 턱근이라고도 한다.

⑫ 측두근(Temporalis) : 관자놀이 부위로서 얼굴의 양옆에 있으며, 위턱과 연결되어 있다.

3. 얼굴의 부분 명칭

1) 눈 부분

1. 눈썹
2. 상안검
3. 속눈썹
4. 동공
5. 공막
6. 홍채
7. 내안각
8. 외안각
9. 하안검

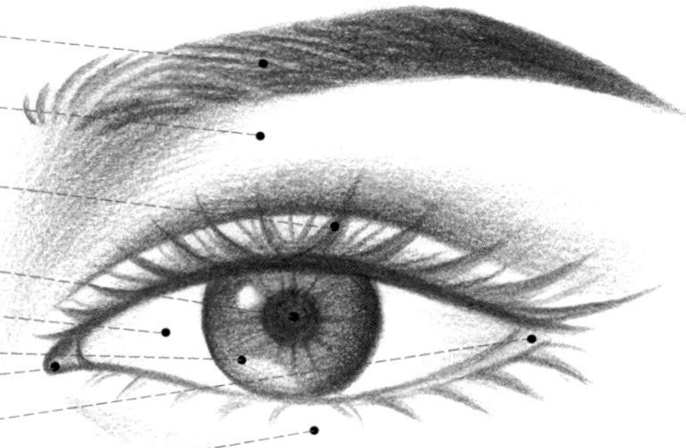

2) 코 부분

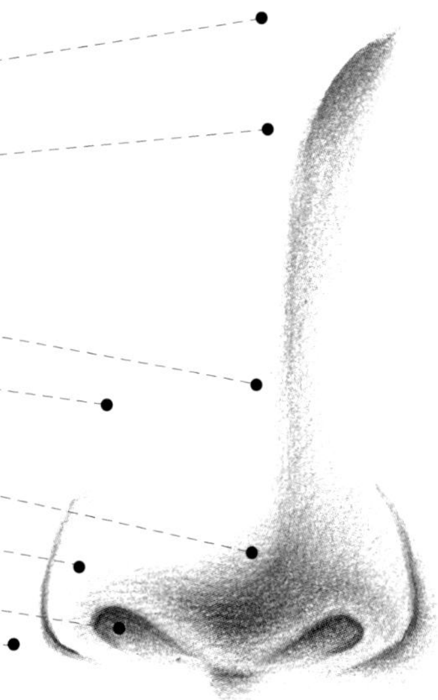

1. 미간
2. 비골
3. 비배
4. 비저
5. 비첨
6. 비익
7. 비공
8. 비순구

3) 입 부분

1. 인중
2. 상순결절
3. 상순
4. 구각
5. 구열
6. 하순
7. 순연
8. 이순구

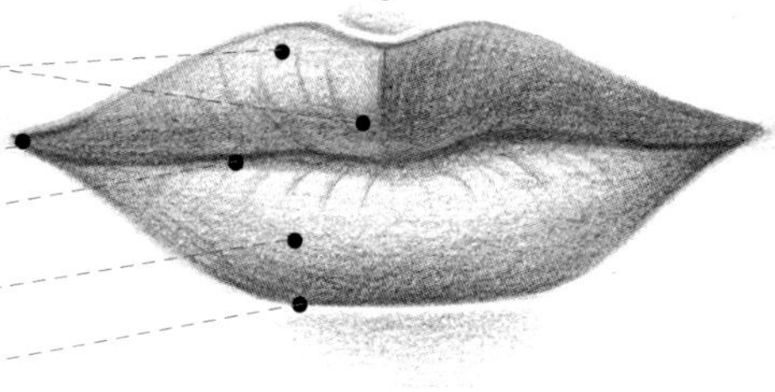

4) 귀 부분

1. 이륜(귀둘레)
2. 대륜
3. 이주
4. 이주간절흔
5. 이수(귓볼)

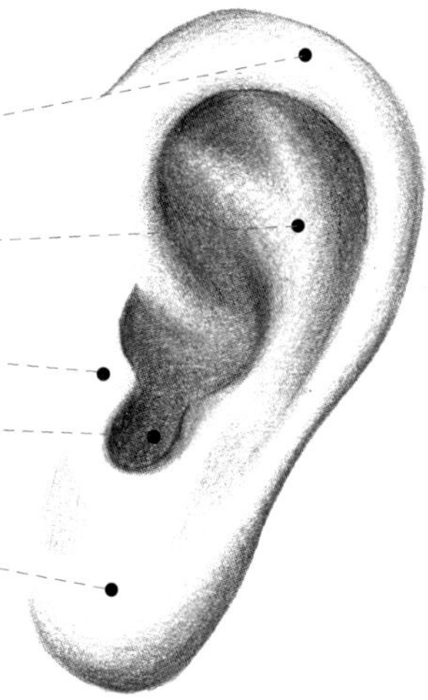

CHAPTER 3

얼굴 표현

B E A U T Y   I L L U S T R A T I O N

1. 얼굴 그리드(Face grid)

뷰티 일러스트레이션을 처음 배우는 학생들에게 인체의 각 부위 중 두상 부분의 묘사는 언제나 어려운 과제이다. 물론 드로잉 능력이 있는 학생들이나 소묘를 배운 학생들에게는 다음에 제안하는 얼굴 그리드는 오히려 자유로운 표현에 방해가 될 수도 있겠지만, 처음 뷰티 일러스트레이션을 접하는 학생들에게 있어서는 다음에 제안하는 얼굴 그리드는 다소 쉬운 방법으로 얼굴 표현에 접근할 수 있다. 정사각형 그리드(gride)[6]를 기본으로 하는 얼굴 그리드는 얼굴의 각 부위를 그리드에 의존하여 그리게 됨으로써 얼굴 그리기에 대한 부담을 줄여줄 수 있다. 특히 얼굴은 향하고 있는 방향에 따라 얼굴의 좌편과 우편의 비율이 틀리게 보여지게 되고 이로 인하여 눈, 코, 입의 크기와 각도가 정면을 향하고 있는 얼굴과 비교할 때 각각 틀리게 보인다. 얼굴은 향하는 방향에 따라 얼굴의 세로 중심선(y축)을 기준으로 하여 좌 · 우의 보여지는 면의 비율이 틀려진다. 이러한 점에 착안하여 다음의 얼굴 그리드를 제안하고, 미리 얼굴의 향하는 방향에 따라 각각의 얼굴 그리드를 외워 둠으로써 처음 뷰티 일러스트레이션을 배우는 학생들에게 좀 더 쉽고 빨리 얼굴을 그릴 수 있는 방법을 제안하고자 한다.

6) 1998, 박경숙, 《미용 미술》, p15
그리드상에서 가로 선의 중심을 x축, 세로 선의 중심 선을 y축이라 한다.

얼굴 좌우편의 보여지는 면의 비율을 정함에 있어서, 정면을 향하고 있는 얼굴의 보이는 전체 면적이 '10' 이라고 가정하였을 경우, 완전 측면을 향하고 있는 얼굴은 얼굴의 반쪽만 그리드상에 나타나게 됨으로 '5 : 5 얼굴' 이라고 명명하고, 정면을 향하는 얼굴을 기준으로 할 때 30° 방향으로 비켜 향하고 있는 얼굴은 '6 : 4 얼굴' 이라 명명한다. 그리고 45° 방향으로 향하고 있는 얼굴은 '7 : 3 얼굴', 60° 방향으로 향하는 얼굴은 '8 : 2 얼굴' 이라 각각 명명한다. 또한, 120° 방향으로 거의 목을 비틀어 뒤를 향하고 있어 얼굴의 코와 입술의 끝 부분만 보이고 머리의 뒷모습이 많이 보이는 얼굴 그리드는 '9 : 1 얼굴' 이라 명명한다. 그리고 각각의 얼굴 방향에 따른 그리드를 미리 정하여 두었다. '9 : 1 얼굴' 의 그리드는 거의 뒷모습의 두상으로서 업 스타일의 헤어 스케치(hair sketch) 표현에 유용하게 사용된다. 물론 처음 뷰티 일러스트레이션을 배울 때는 이와 같은 얼굴 그리드에 의존하지만, 반복적 연습 후 얼굴 묘사에 자신이 있으면 각자의 예술적, 디자인적 감각에 의존하여 창의적인 뷰티 일러스트레이션을 하게 된다.

얼굴 그리드 만들기

1. 수평선과 수직선(x선, y선)을 중앙에 직각으로 긋는다.
2. 각각 4cm씩 4등분하여 정사각형 16등분이 된 얼굴 그리드를 만든다.

얼굴 그리드

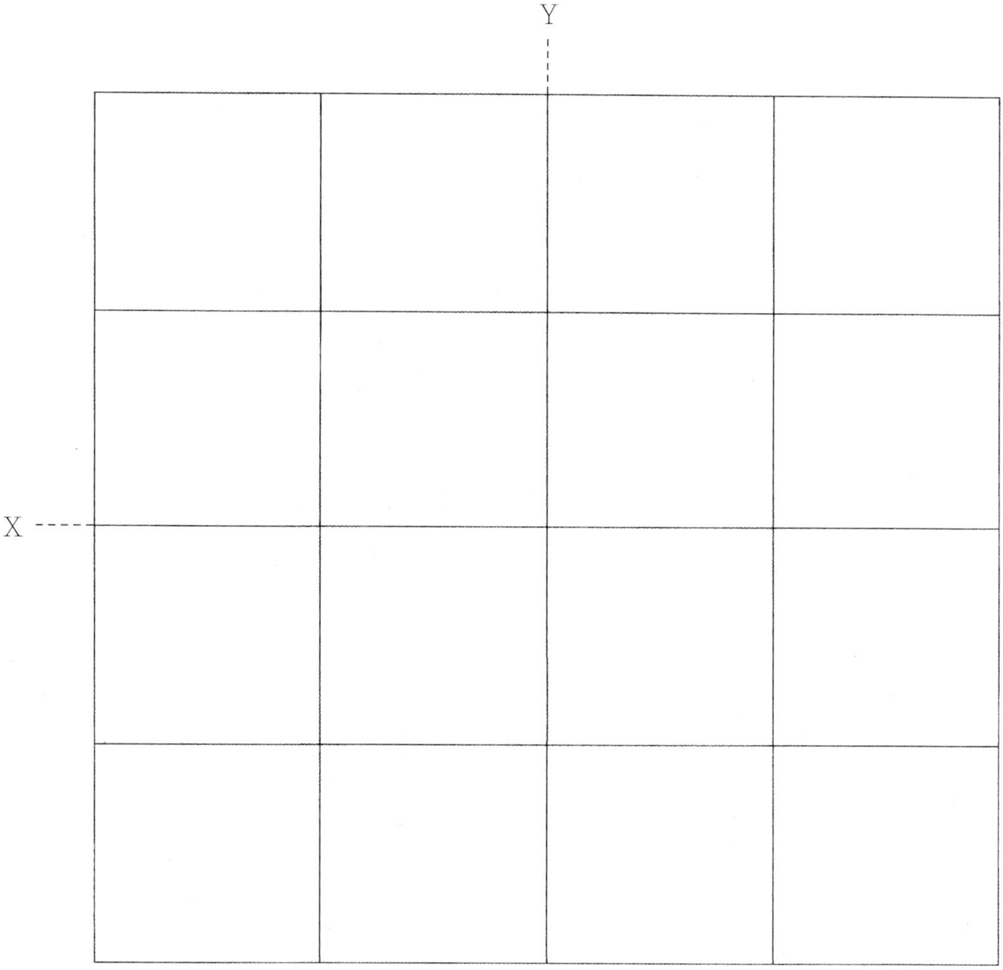

1) 정면 얼굴 그리기

1 정면 얼굴 그리드

1. 중심점에서 그림과 같이 Y선상에 세로로 4등분씩 하여 점선을 긋는다.
2. 중심점에서 X선상에 가로로 각각의 면을 3등분하여 그림과 같이 세로 점선을 긋는다.
3. 다시 그림 ①과 같이 2등분하는 부분을 세로 점선으로 긋는다.
4. 얼굴 그리드는 모든 얼굴 그리드의 기준이 된다.

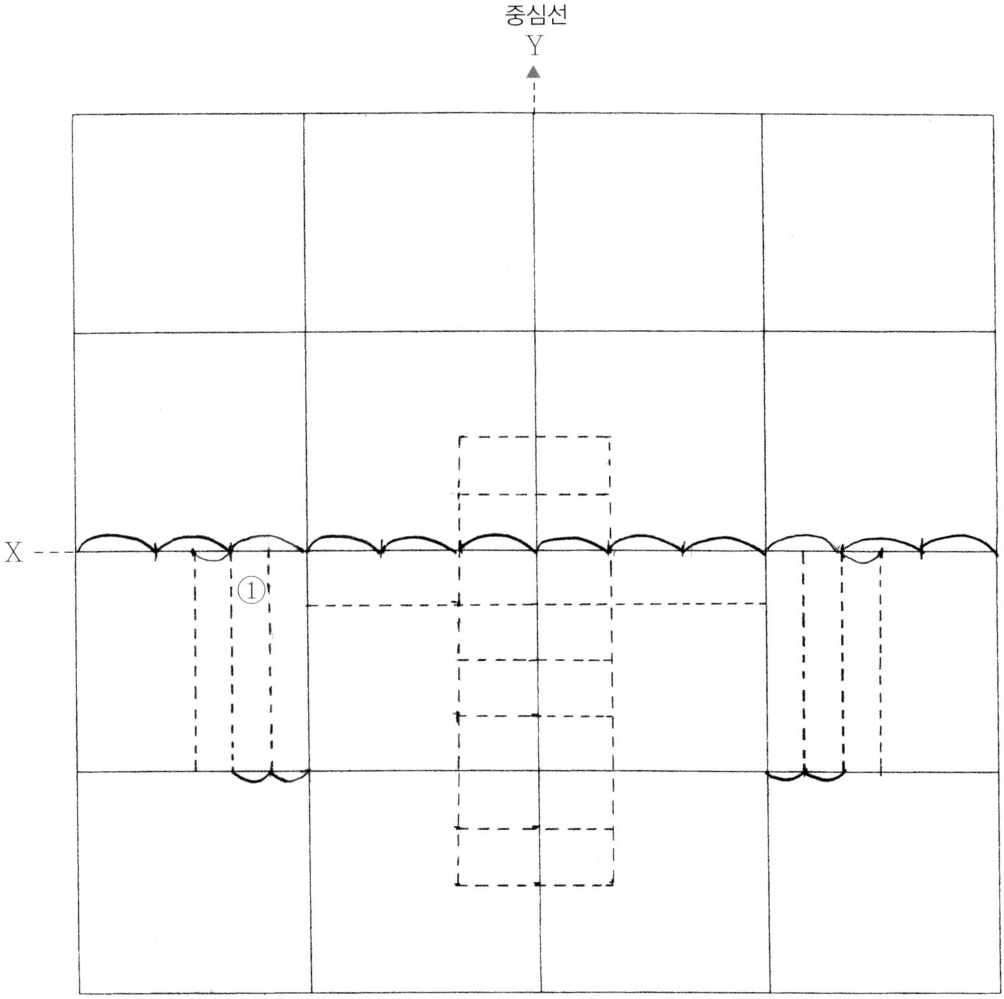

2 왼쪽 얼굴선 그리기

왼쪽 얼굴선을 그린다.

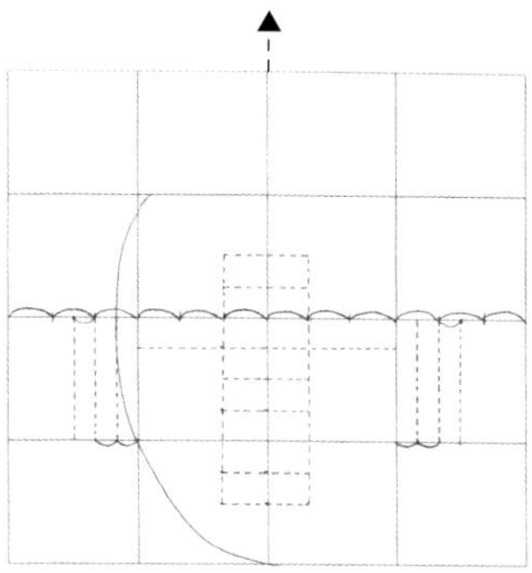

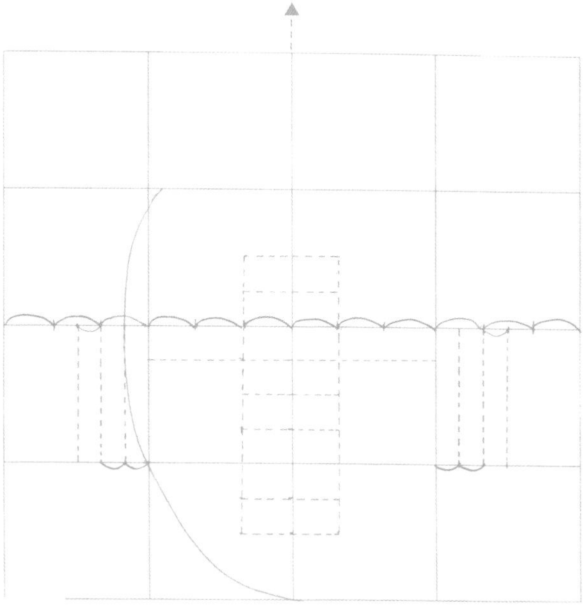

3 왼쪽 귀와 목선 그리기

왼쪽 얼굴선에 붙여서 귀를 그린 후 목 부위의 그리드를 3등분한 지점을 따라 목선을 길게 그린다. 목선은 다소 길게 그려주는 것이 메이크업 일러스트레이션이나 헤어 일러스트레이션에 있어서 뷰티 디자이너들의 아이디어 전달에 도움이 된다.

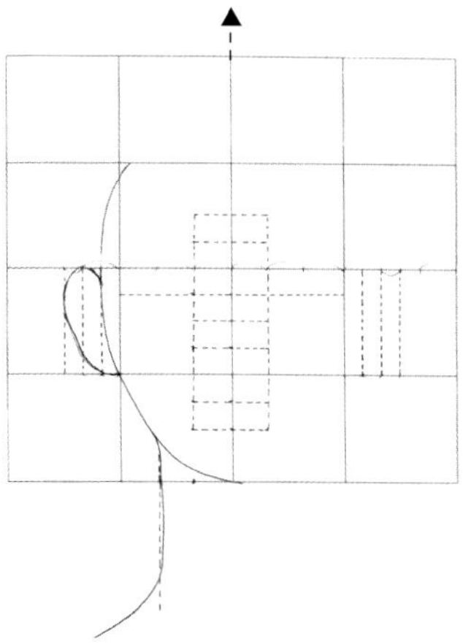

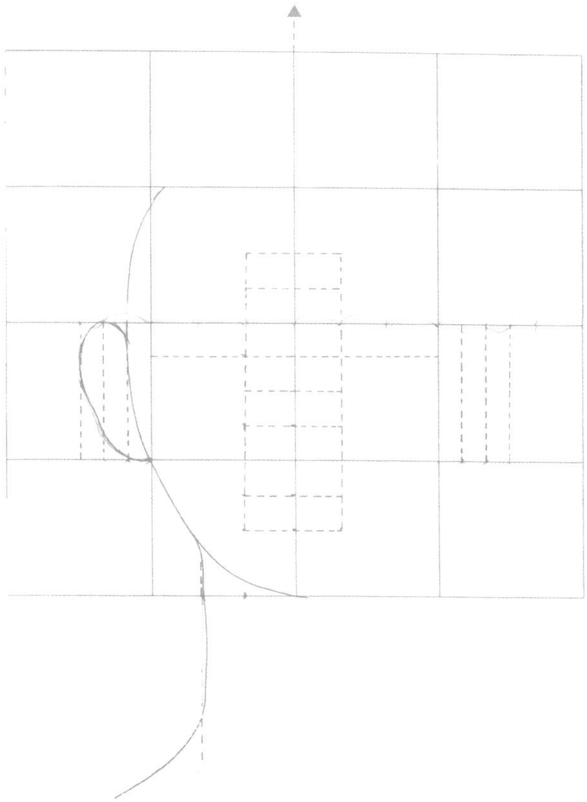

4 얼굴 오른쪽 그리기

얼굴 왼쪽 그리기와 같이 오른쪽을 그린다.

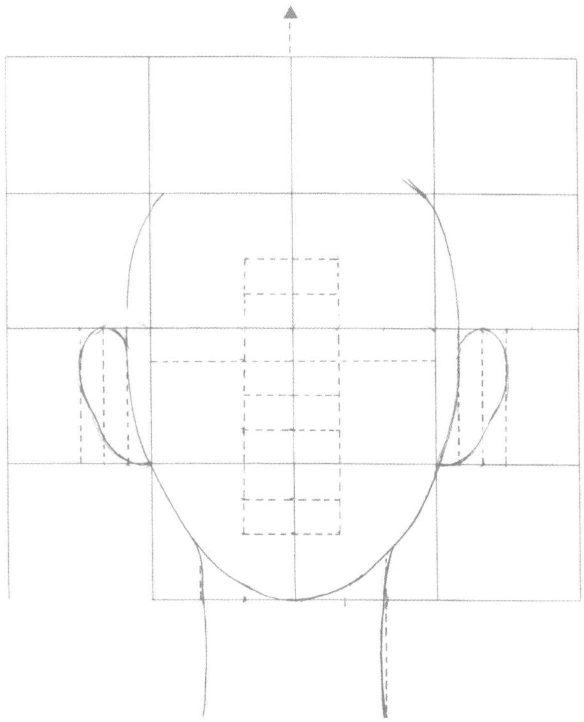

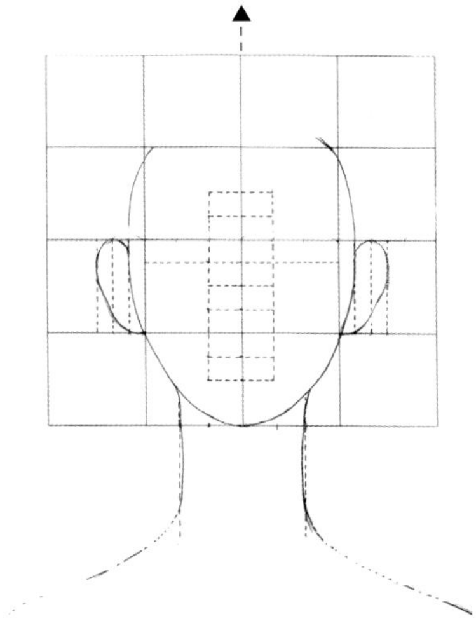

5 이마선, 머리선 그리기

이마선을 그린 후 그림과 같이 정수리를 중심으로 머리선을 좌우의 귀 꼭짓점과 이어지게 그린다. 귀 꼭지점(Ear Point)은 두상과 얼굴의 위치 인식에 있어서 중요한 위치이다.

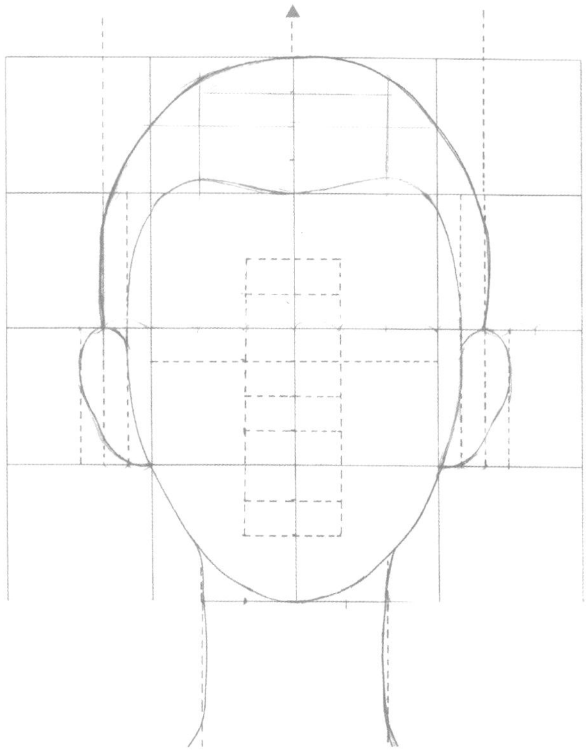

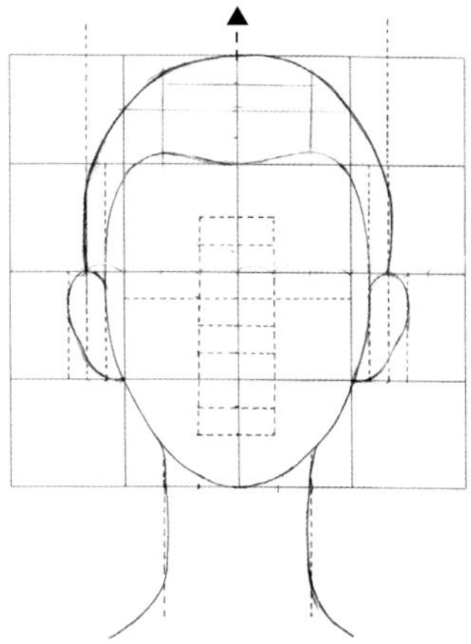

6 코 그리기

그림과 같이 코의 위치에 코를 그린다. 좌우의 외비공을 먼저 그린 후 코끝과 비공을 이어서 그린다. 그리고 비골선을 그림과 같이 그린다. 주의할 점은 비공을 강조하지 않고, 비골선을 좌우 같이 나란히 그리지 않는다.

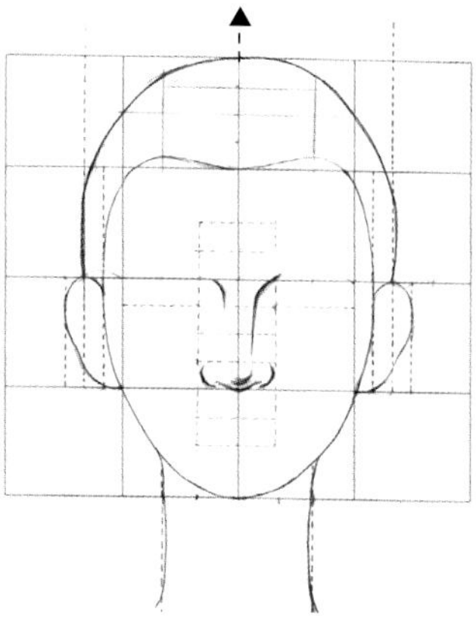

7 입술 그리기

입술 부위의 Y선의 1/3 선이 입술 그리드의 중심선이며, 구각은 항상 웃는 모습으로 그리드 선 밖에서 위로 올려 벋어나게 그려준다.

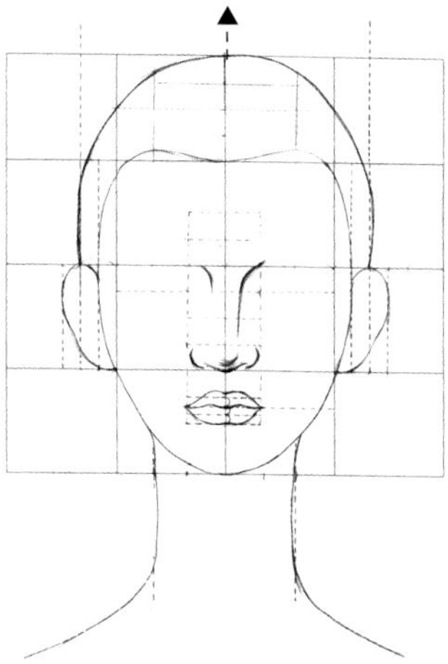

8 눈 그리기

그림과 같이 눈의 부위에 눈을 그린 후 눈 부위를 4등분하여 2/4는 눈동자를 그린다.

눈동자 아래의 원주는 눈의 아래 선과 맞닿게 하고 윗부분은 눈의 윗선에 가려지게 그린다. 눈동자는 항상 시각 흐름의 중심이므로 과장되이 크게 그려서 시각의 흐름을 시원하게 소통시켜 준다.

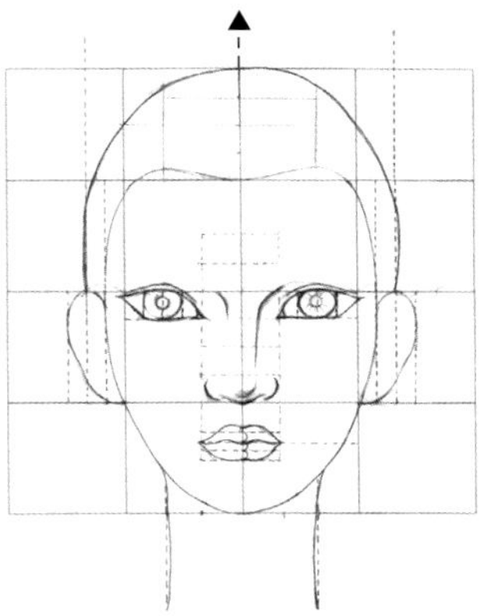

9 눈썹 그리기

그림과 같이 눈썹은 눈 위 그리드의 1/4 선을 기준으로 한 올 한 올 심는 듯이 그려준다.

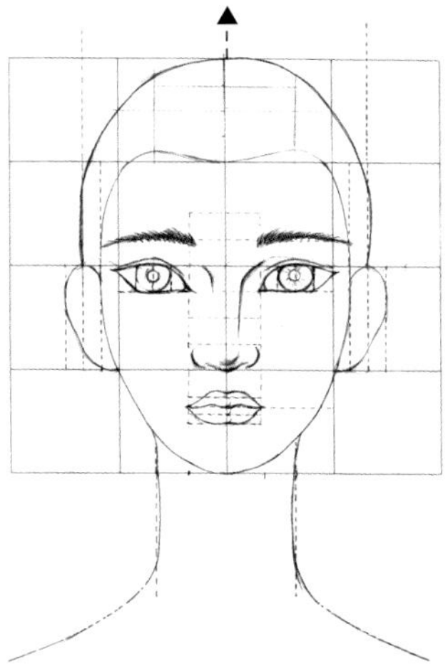

⑩ 정면 얼굴 정리하기

눈동자의 동공, 각막, 공막, 그리고 속눈썹을 그려준다. 귀는 대륜, 이주(구슬), 이주간 절흔 등을 상세하게 그려준다. 입술은 하순과 상순에 주름을 그려주고, 구각을 올려준다. 코는 외비공을 강조하고 비청에 음영을 준다. 그리드를 지우고 그림을 다듬어 정리하고 완성한다.

2) 5 : 5 얼굴 그리기

1 5 : 5 얼굴 그리드

정면을 기준으로 하여 90° 방향으로 향하고 있는 얼굴의 그리드로써 얼굴의 반쪽만 전체 그리상에 나타나는 얼굴형이다. 중심선 Y축의 이동을 주목하고 이하의 그리드는 그림을 참고한다.

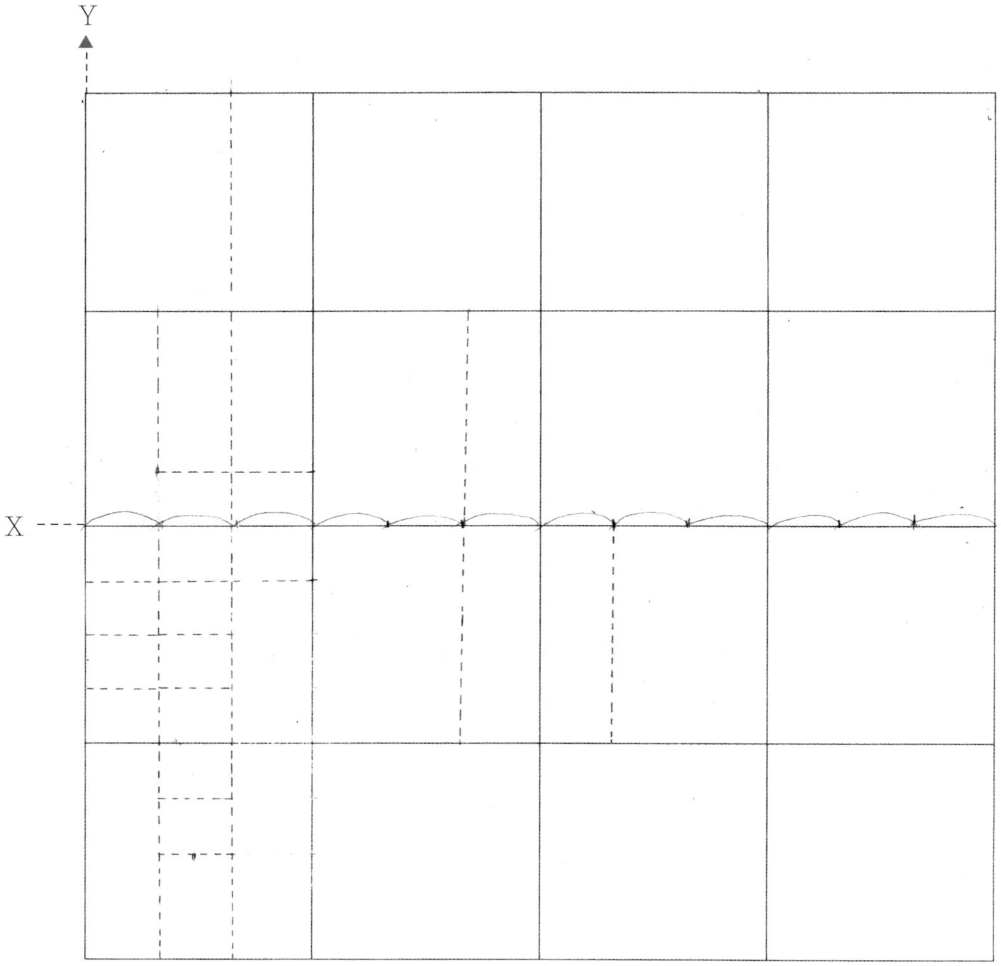

2 얼굴 윤곽 강조점

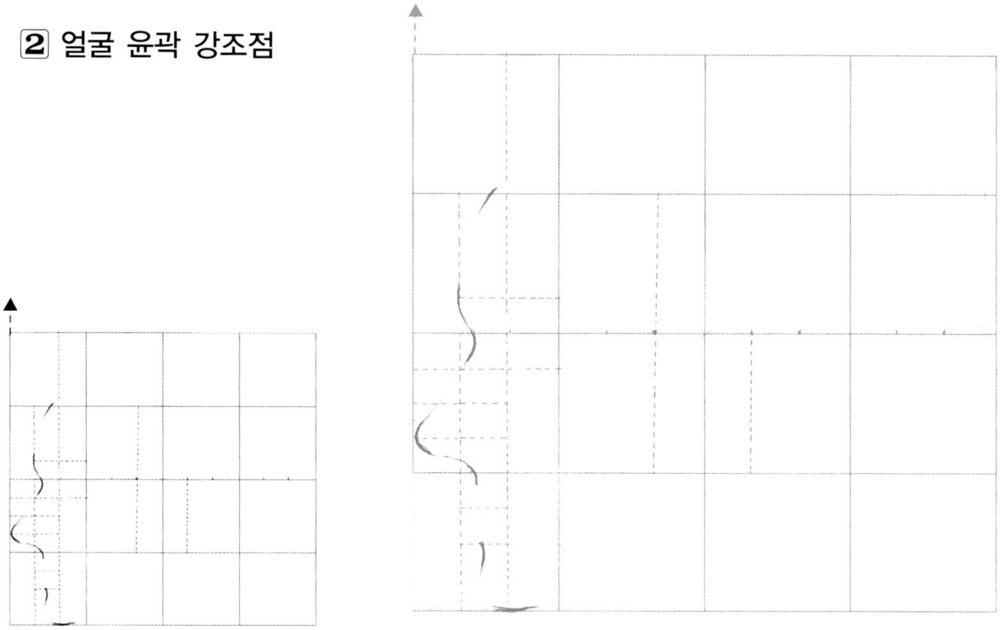

3 얼굴 윤곽선

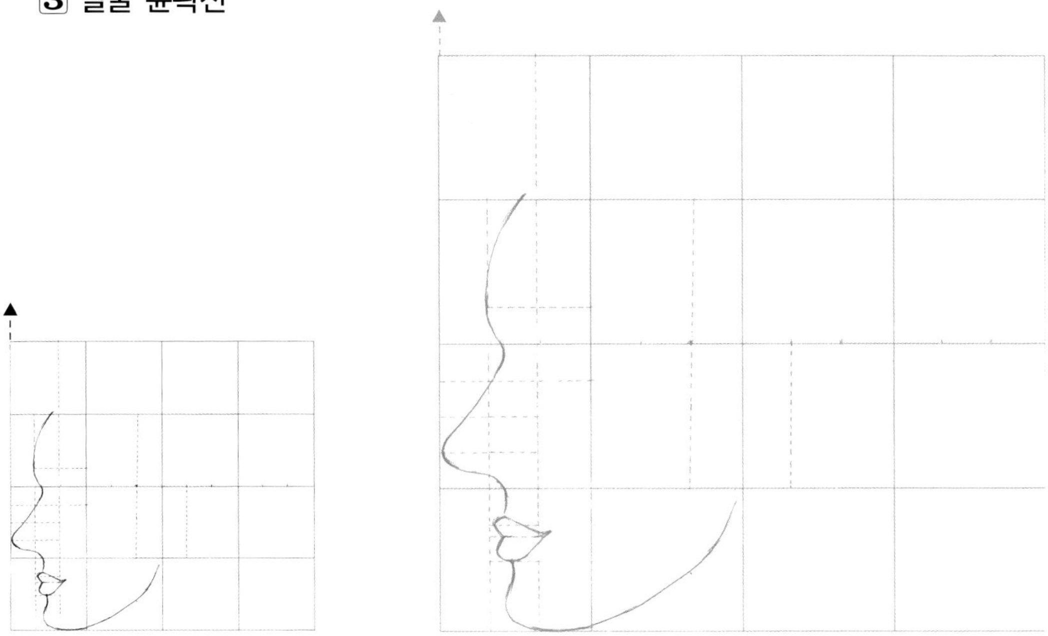

4 이마, 귀

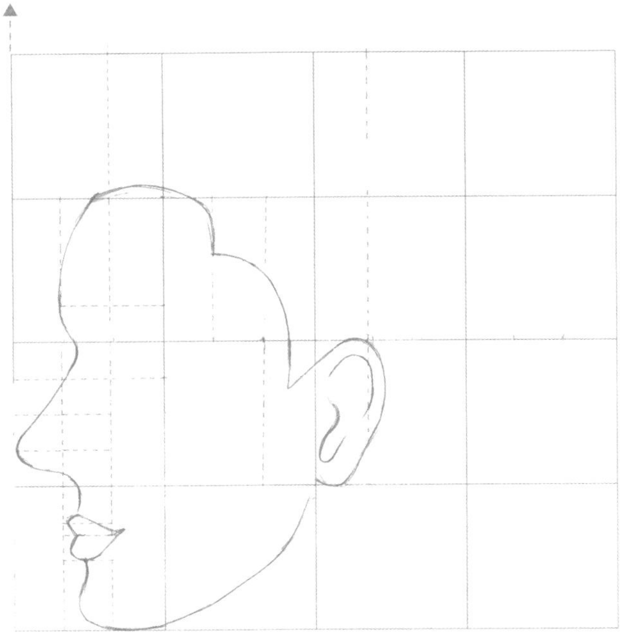

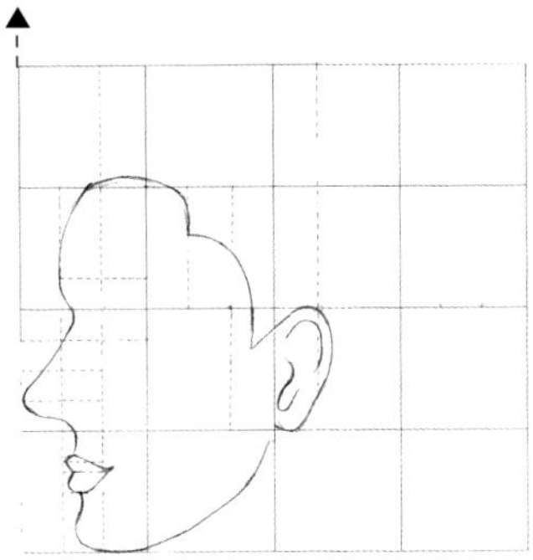

5 머리, 목

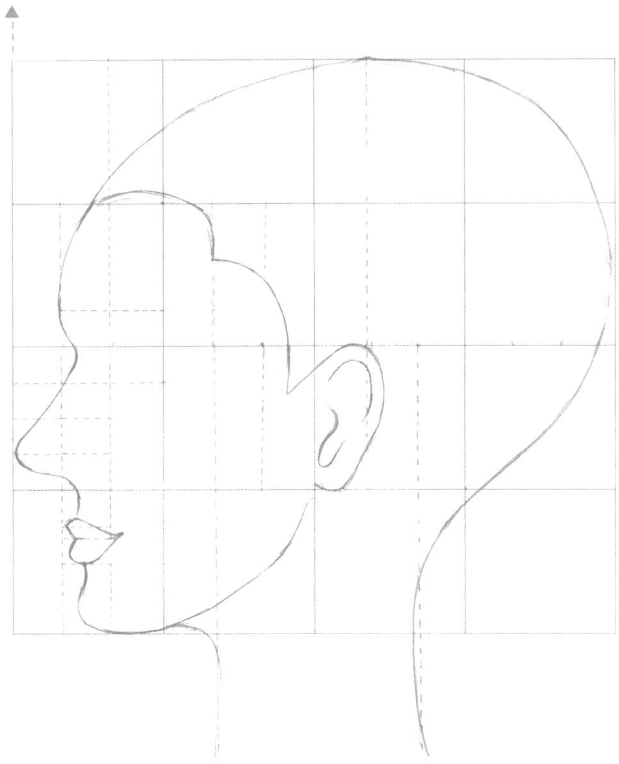

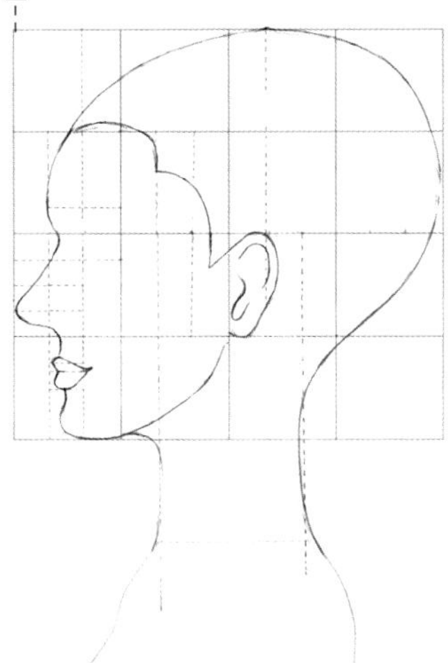

⑥ 눈, 눈썹

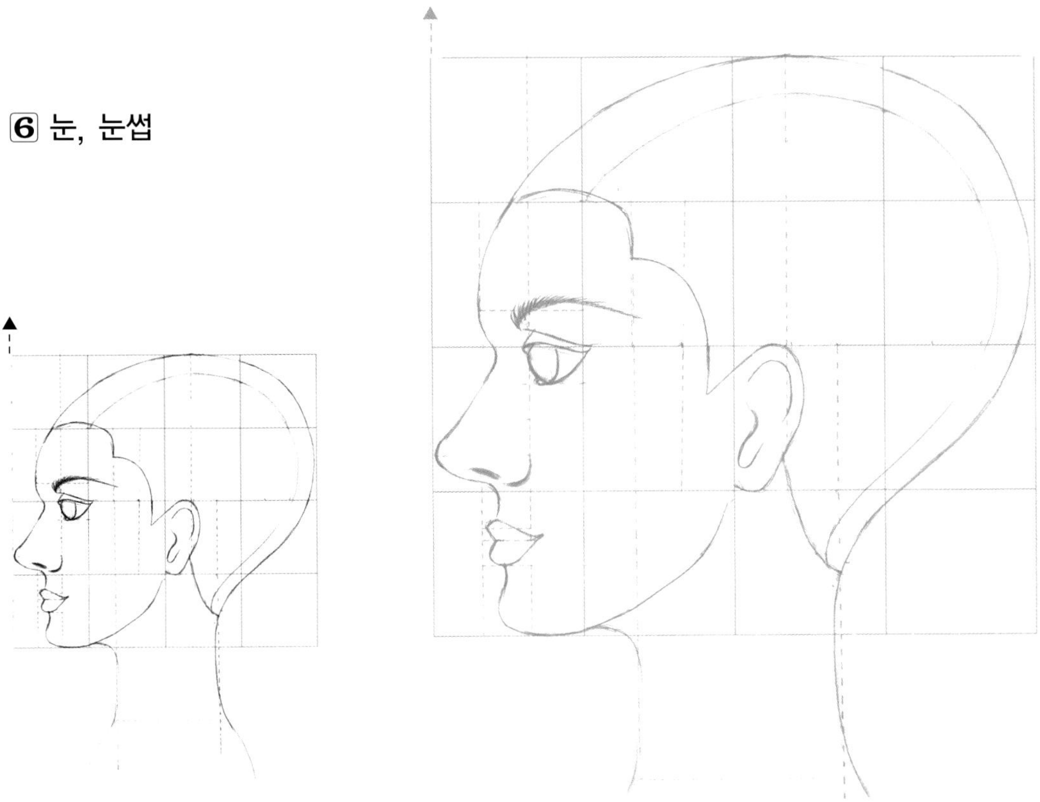

7 얼굴 완성

3) 6 : 4 얼굴 그리기

1 6 : 4 얼굴 그리드

얼굴의 향하는 방향이 정면 얼굴을 기준으로 하였을 때, Y축을 기준으로 30° 정도 움직인 형태이다. 이에 따라 Y축이 좌측으로 이동하였으며 얼굴의 각 부위의 그리드가 X축을 중심으로 한 X선은 모두 같으나 Y축을 중심으로 하는 선은 모두 좌측으로 이동되었다.

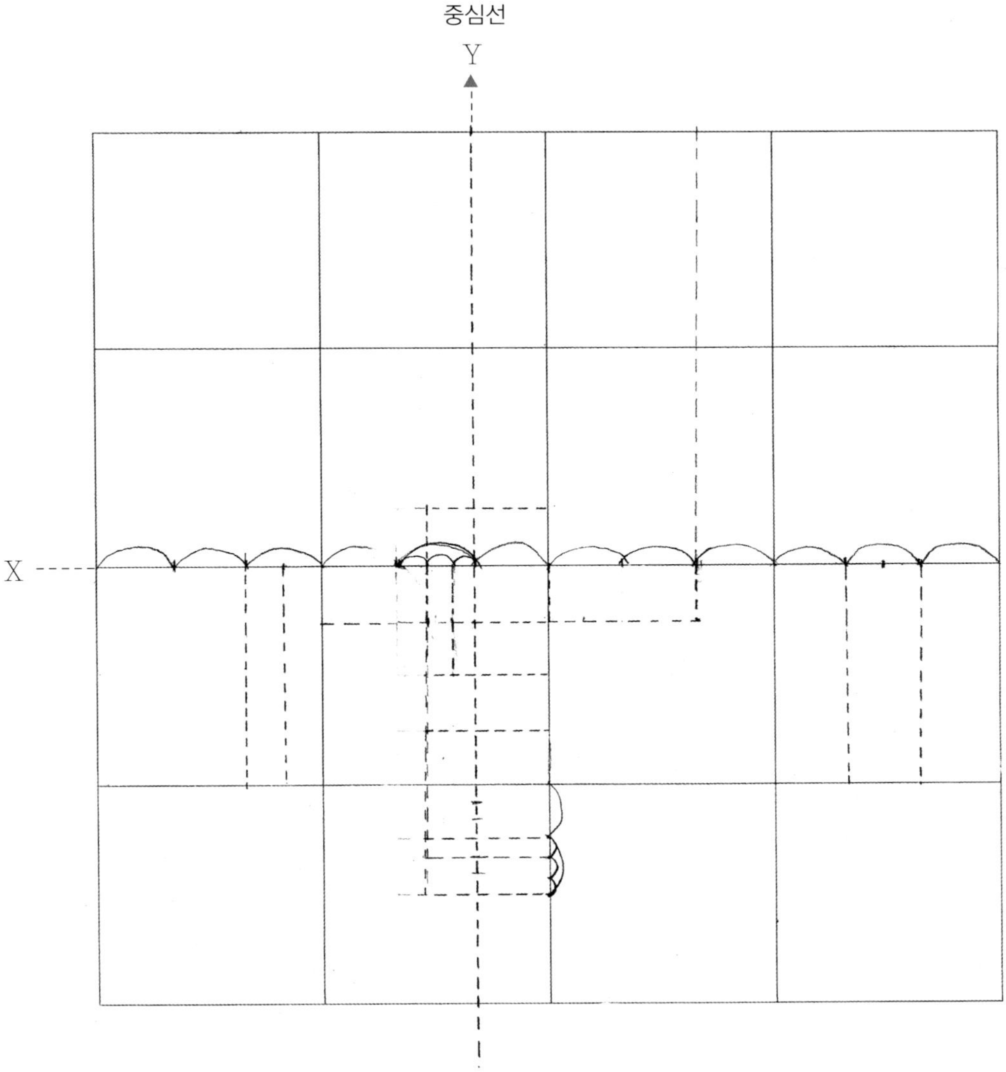

2 얼굴 윤곽 강조점

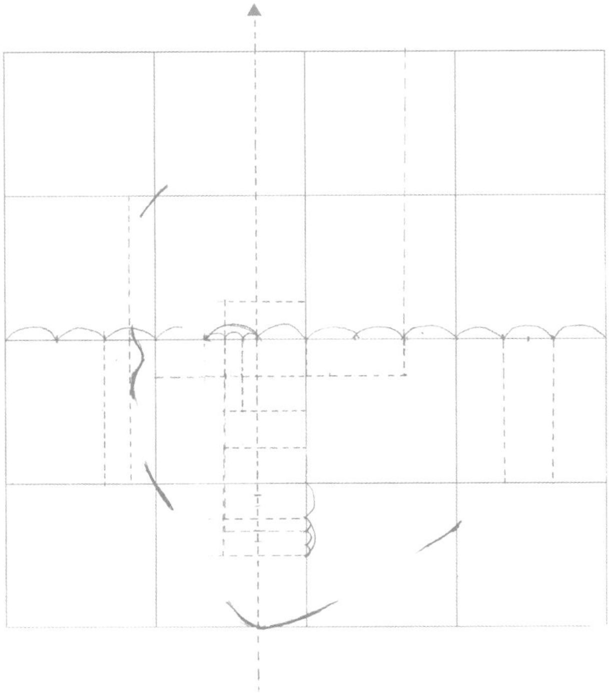

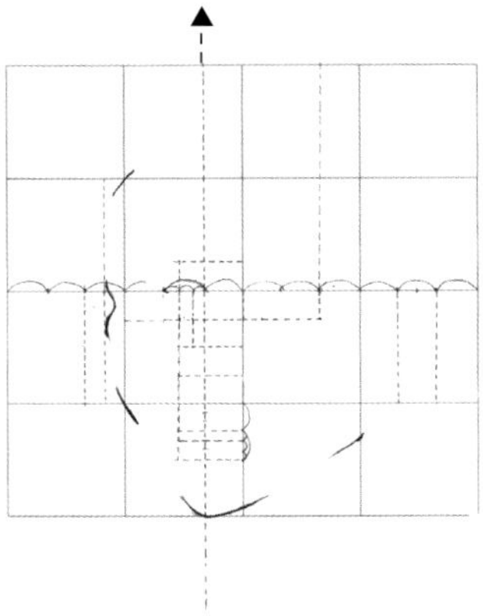

3 얼굴 윤곽선

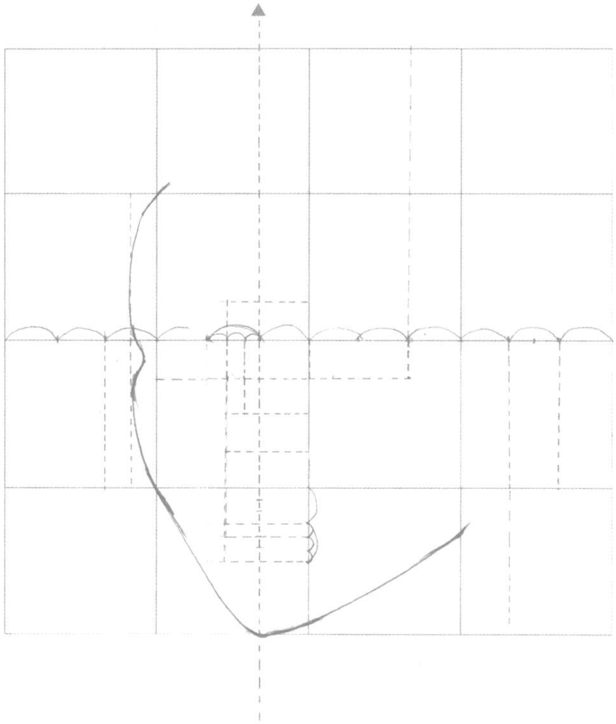

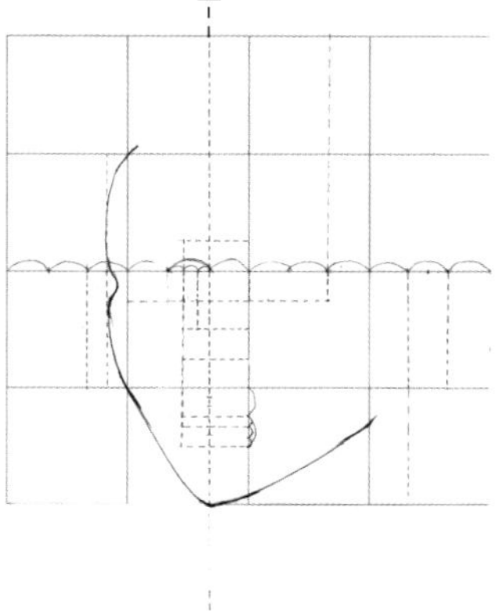

4 목선

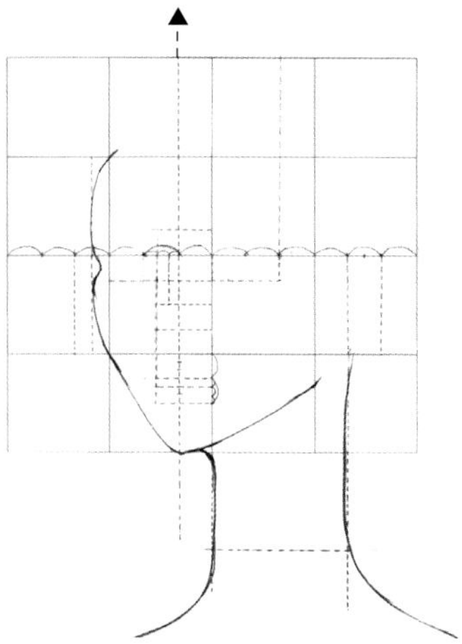

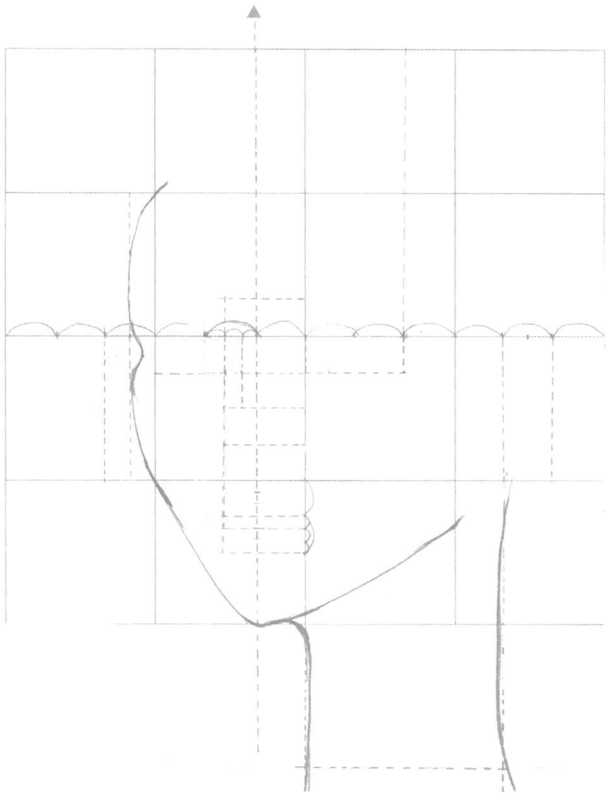

5 코

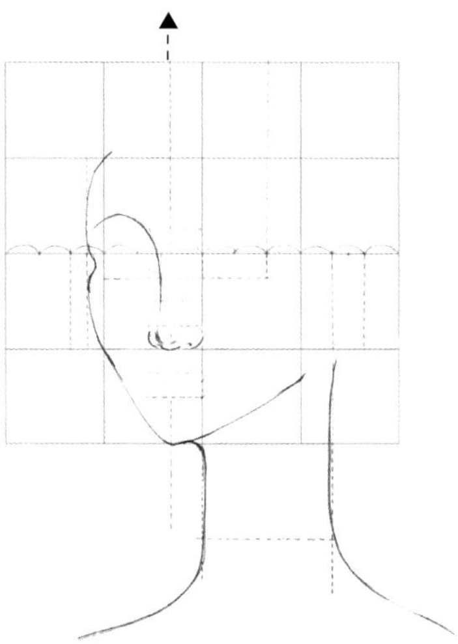

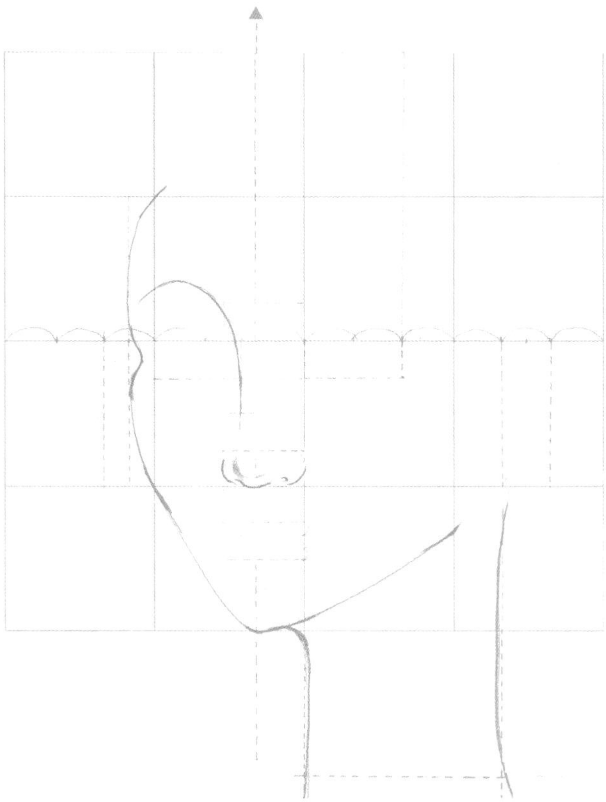

6 입술

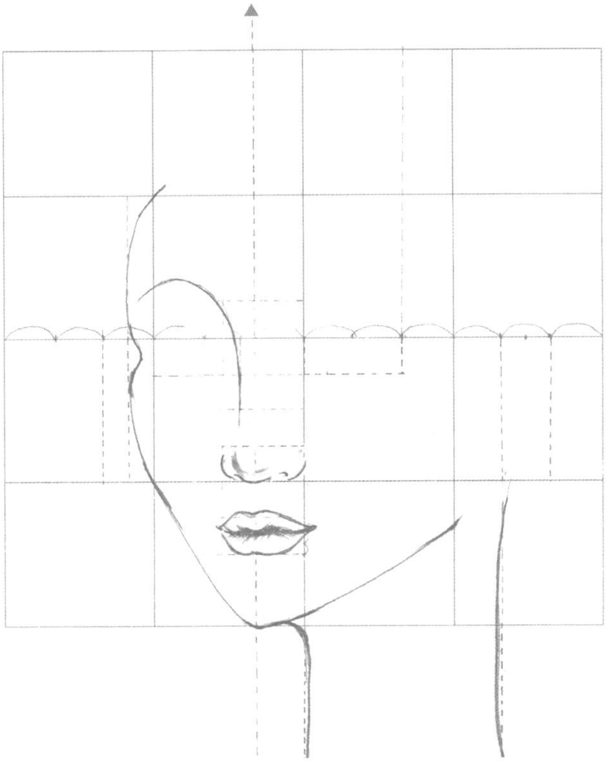

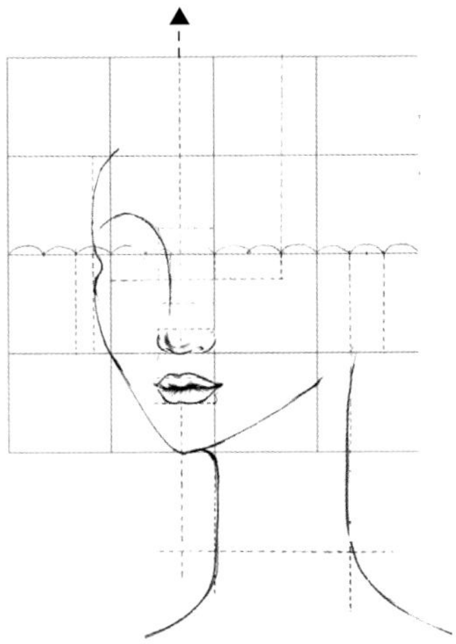

7 눈

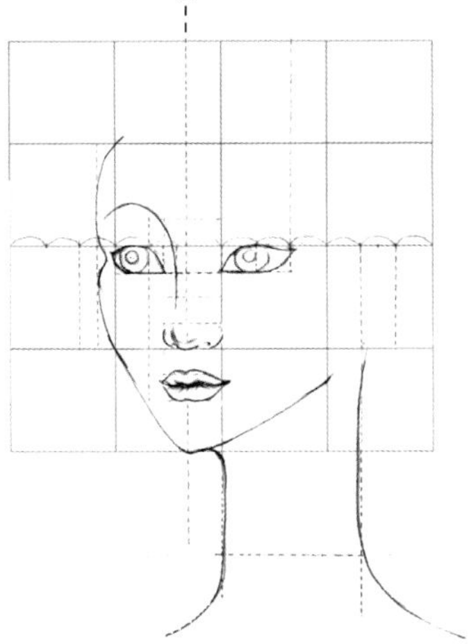

8 눈썹

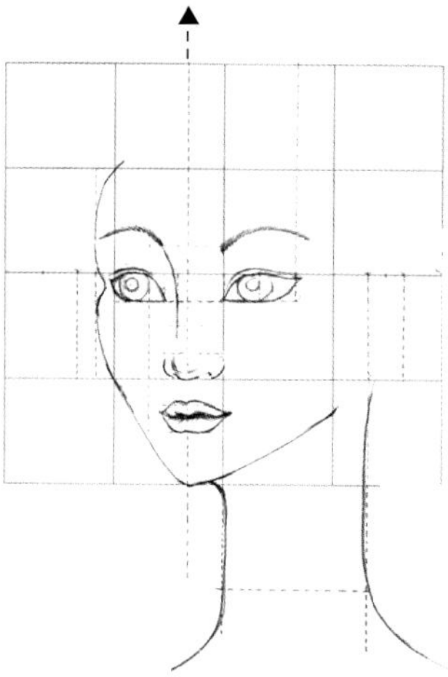

9 귀

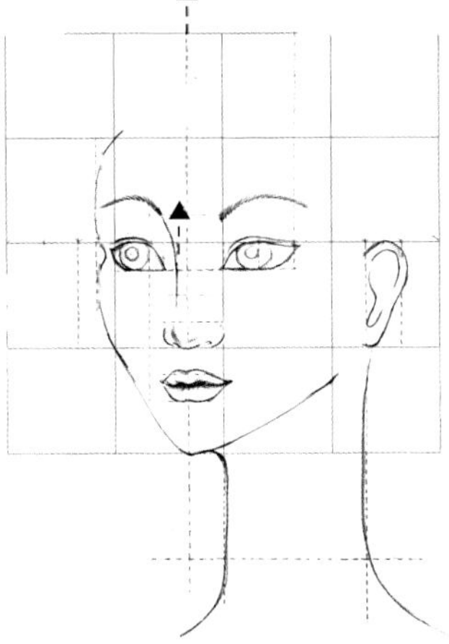

⑩ 이마 두상

11 정리하여 완성하기

4) 7 : 3 얼굴 그리기

1 7 : 3 얼굴 그리드

7:3 비율의 얼굴은 정면 얼굴을 기준으로 하여 좌측으로 약 45° 방향으로 움직인 얼굴의 형태이다. 중심선인 y축이 좌측으로 그림과 같이 이동되었다. 여전히 얼굴의 각 부위의 그리드에 있어서는 X선상은 같은 위치의 그리드이다.

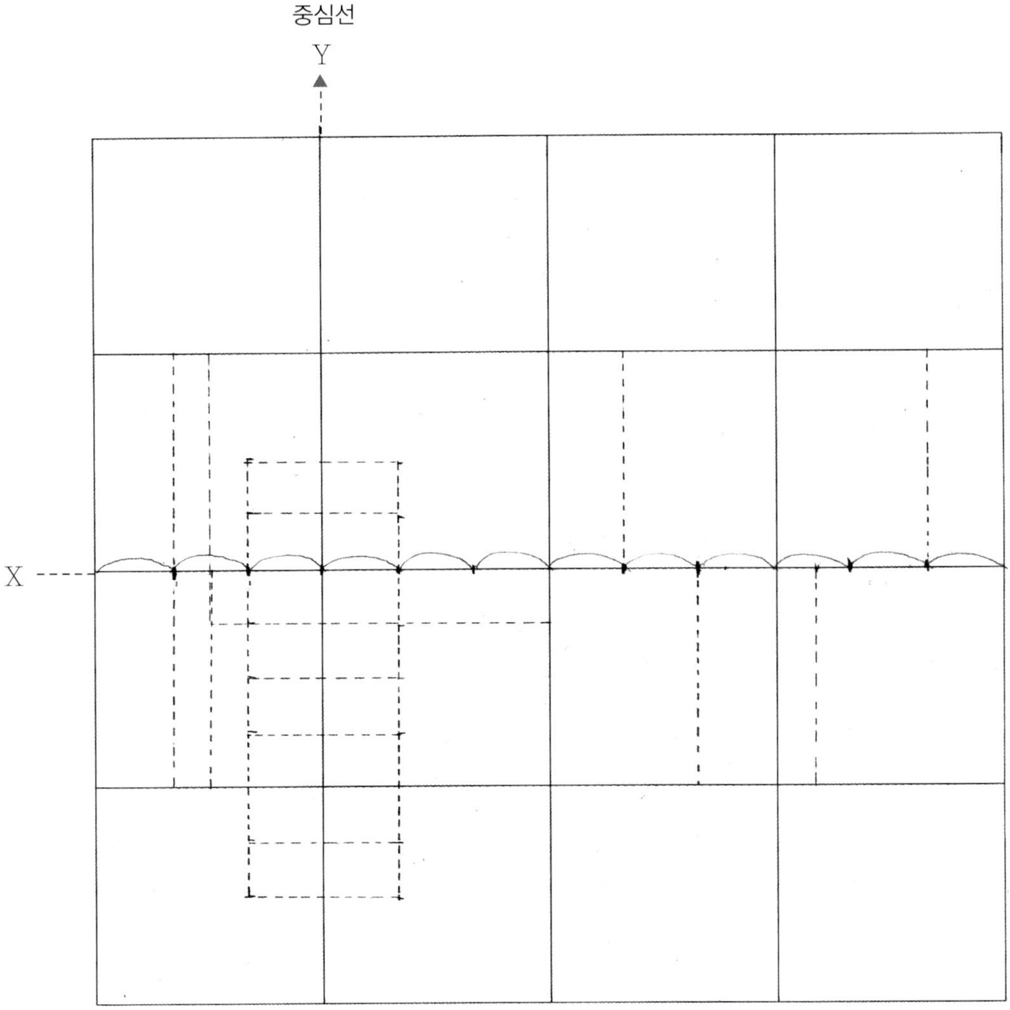

2 얼굴 윤곽 강조점

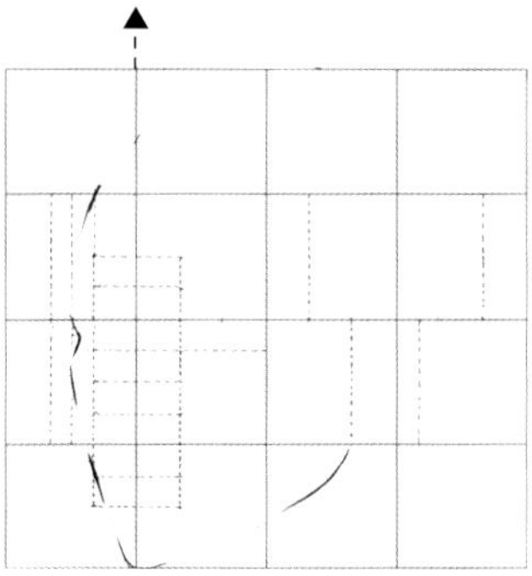

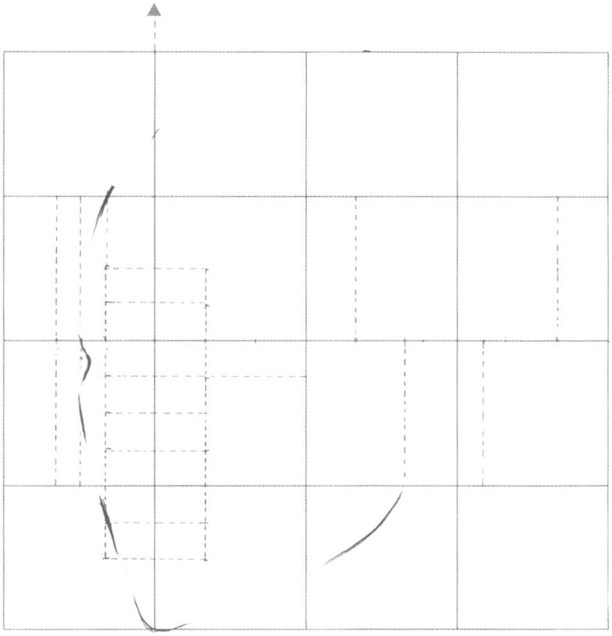

3 얼굴 윤곽선

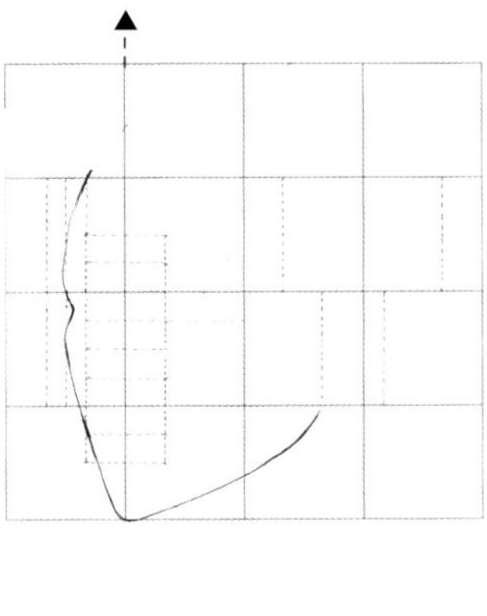

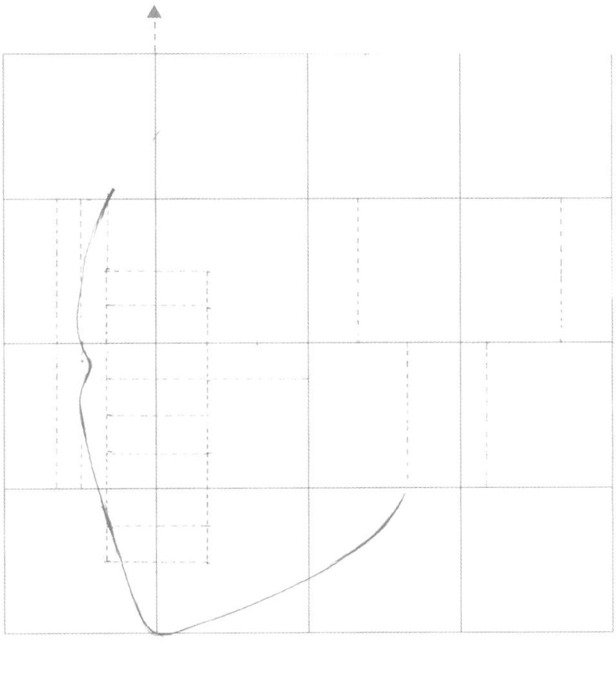

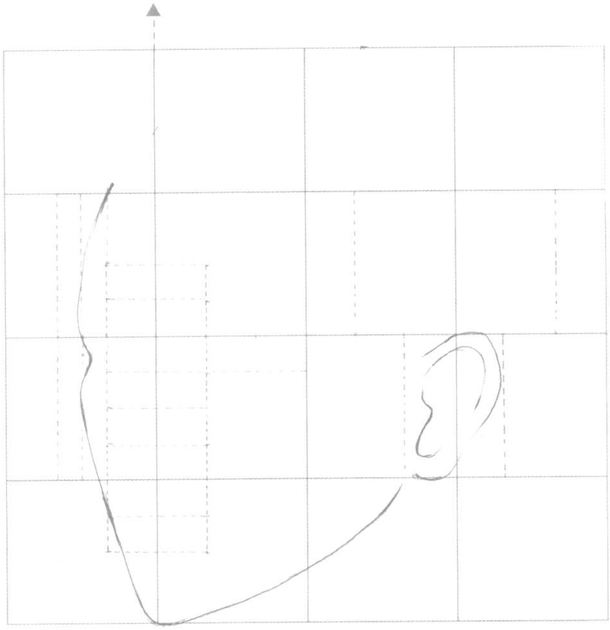

④ 귀

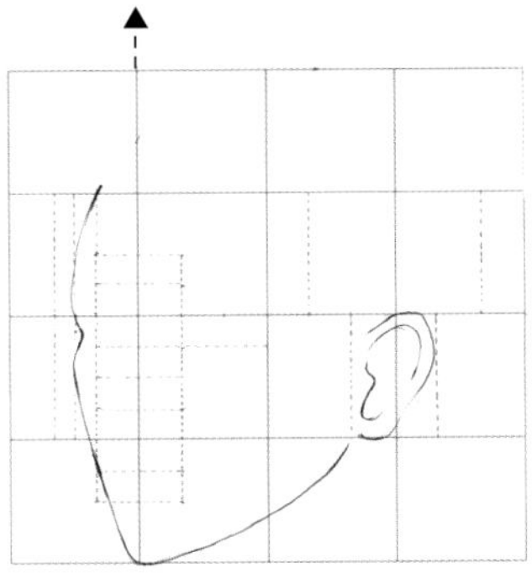

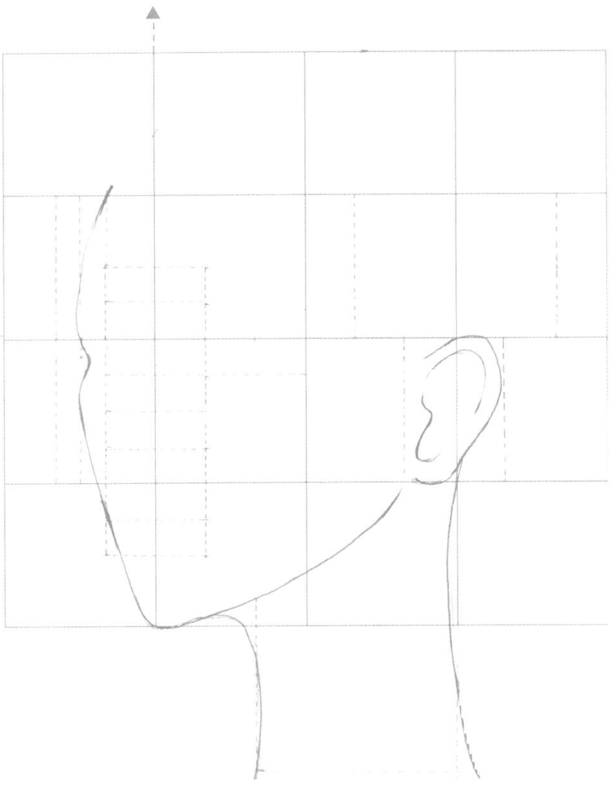

⑤ 목선

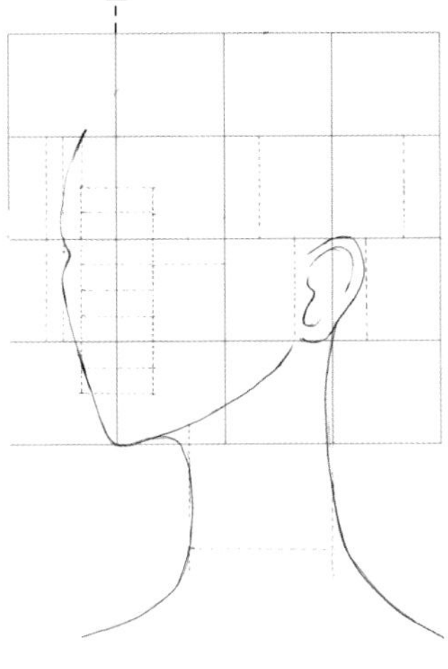

⑥ 코

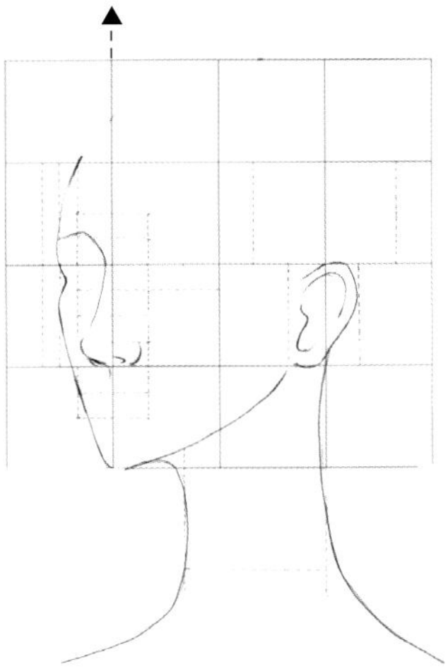

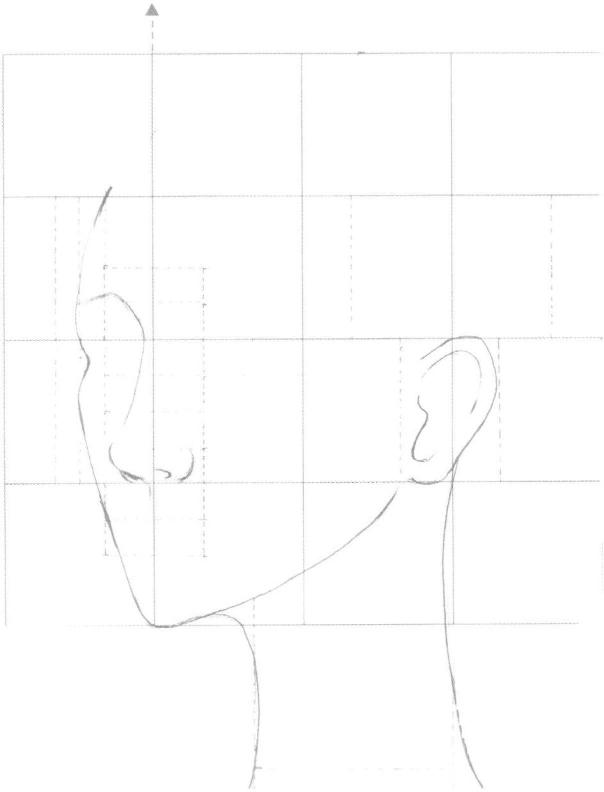

⑦ 입술

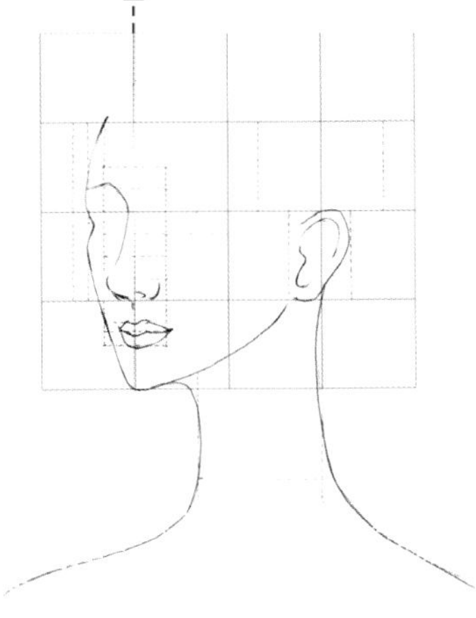

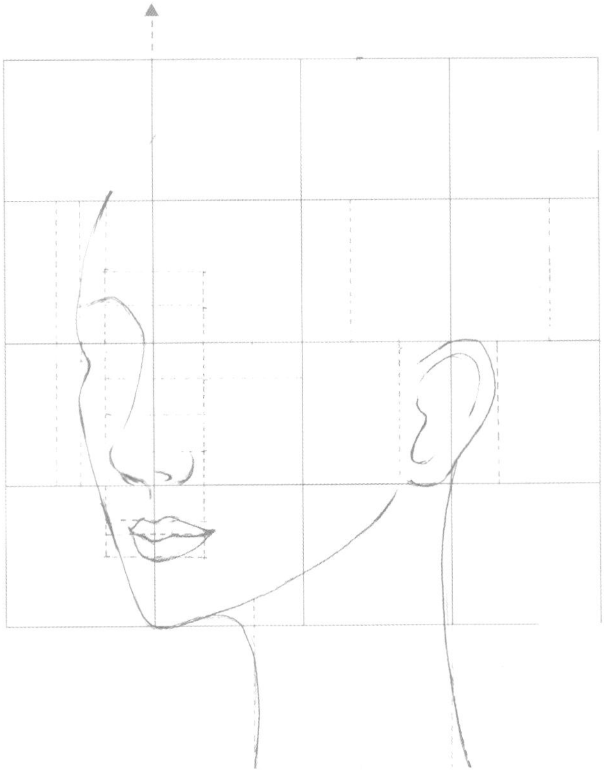

8 눈

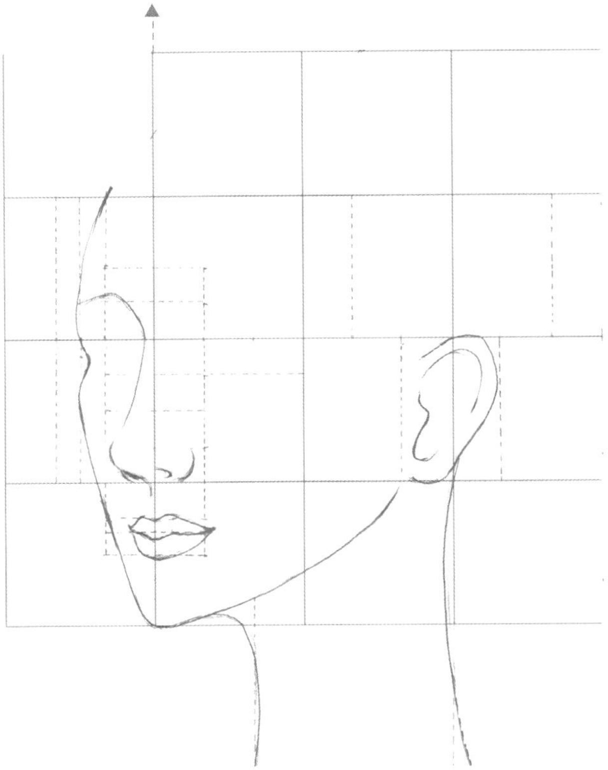

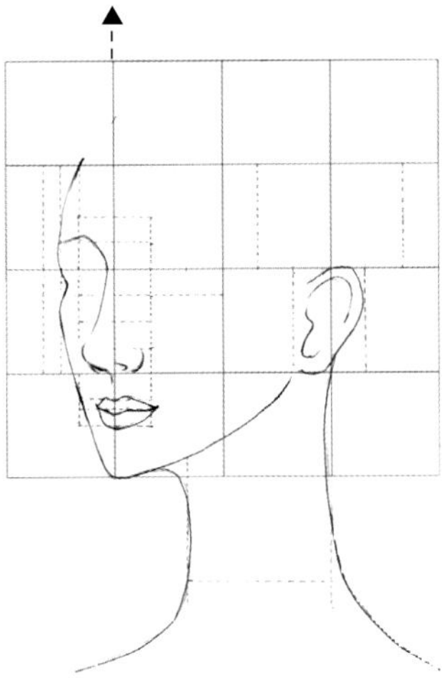

9 눈썹

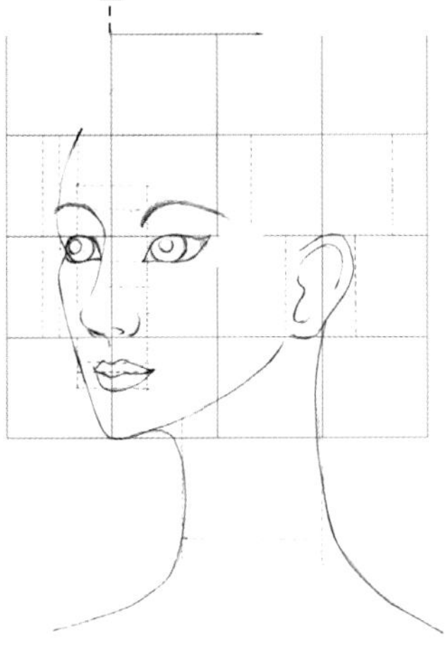

⑩ 이마 두상

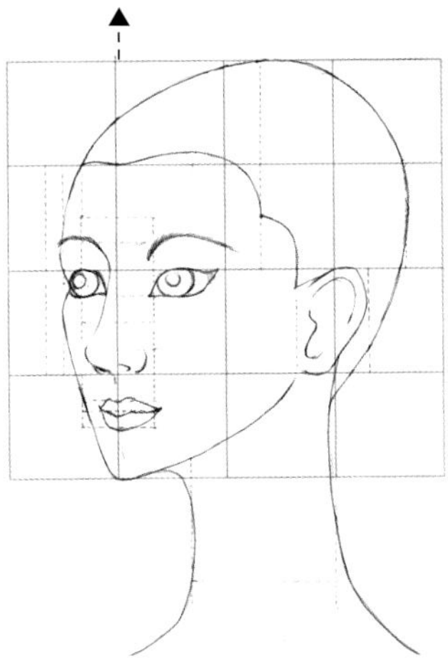

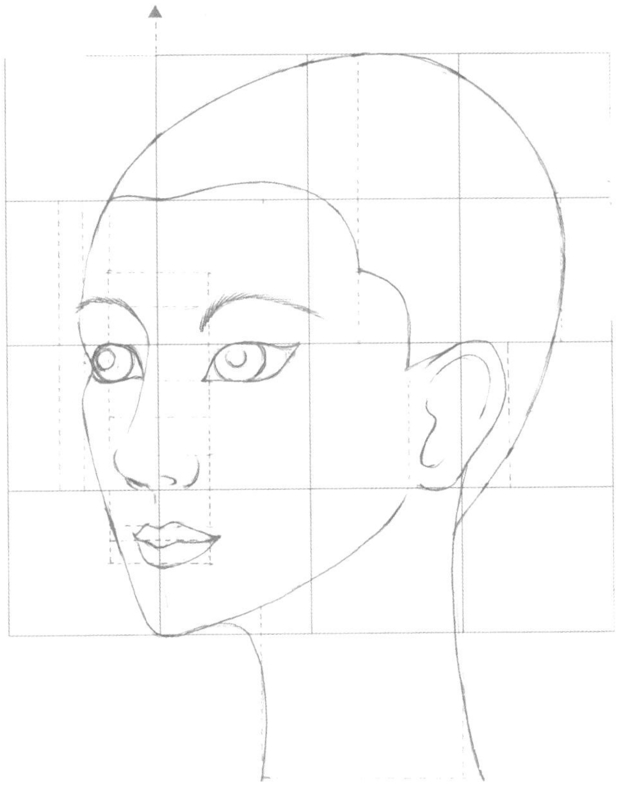

11 정리 완성

5) 8 : 2 얼굴 그리기

1 8 : 2 얼굴 그리드

8 : 2 비율의 얼굴은 정면 얼굴을 기준으로 하여 약 60° 방향으로 움직인 얼굴의 형태이다. 중심선인 Y축이 그림과 같이 이동되었다. 여전히 얼굴의 각 부위의 그리드에 있어서는 X선상은 같은 위치의 그리드이다.

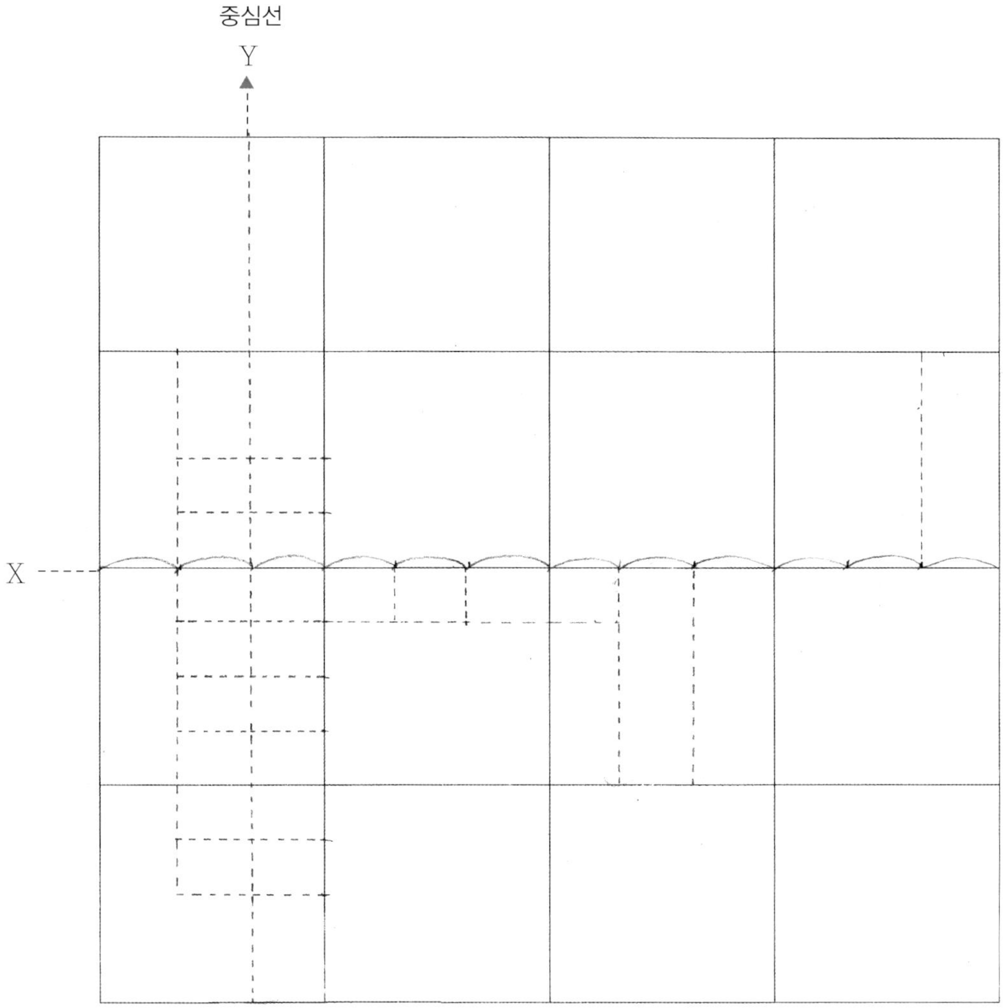

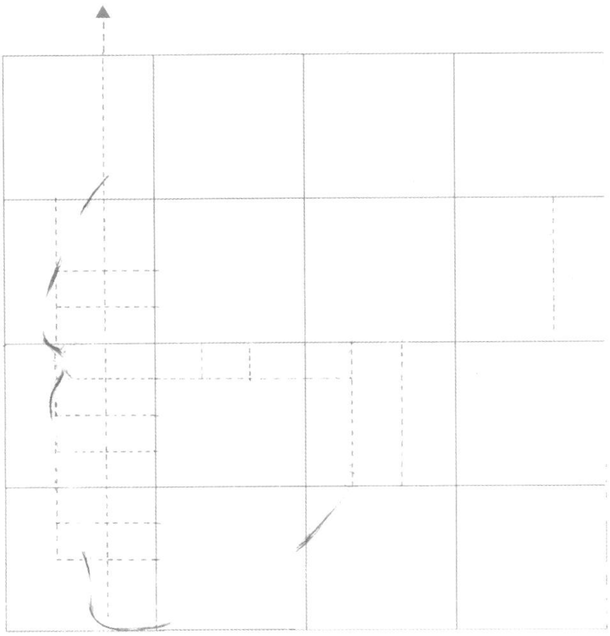

2 얼굴 윤곽 강조점

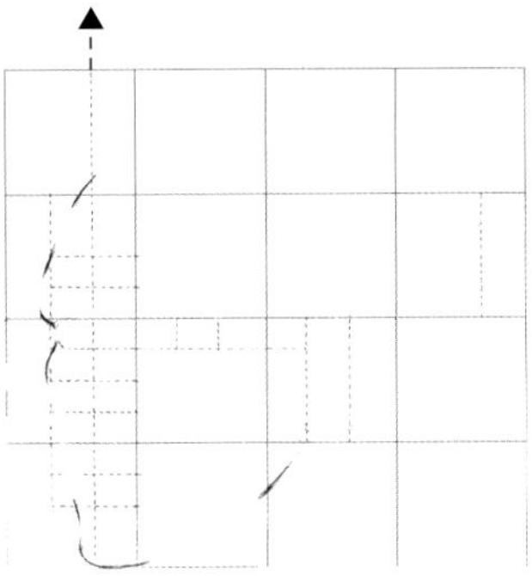

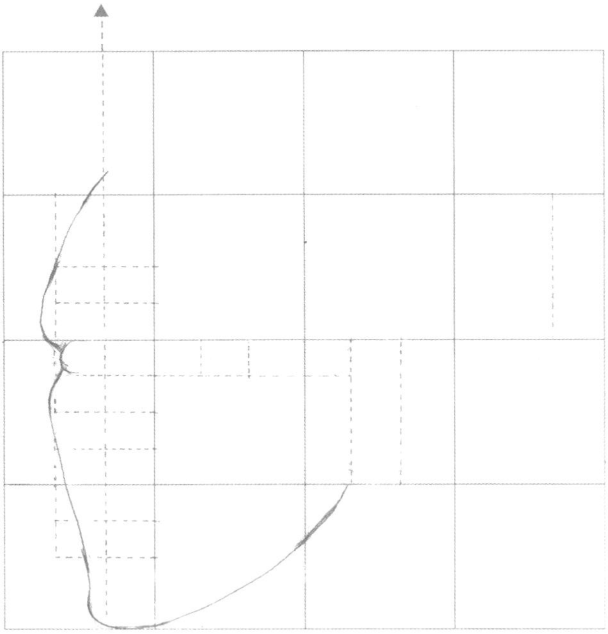

3 얼굴 윤곽선

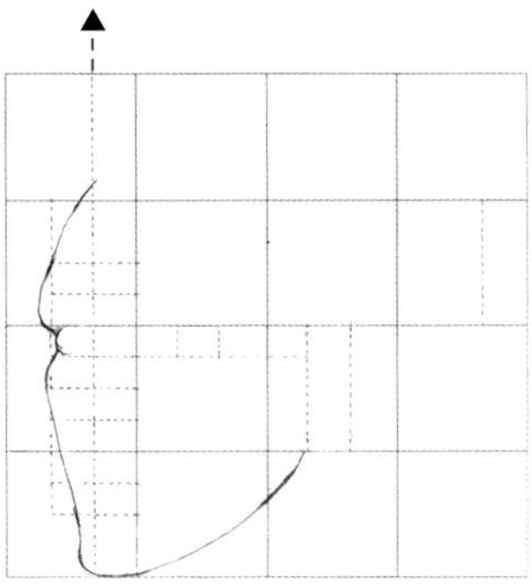

④ 귀, 목

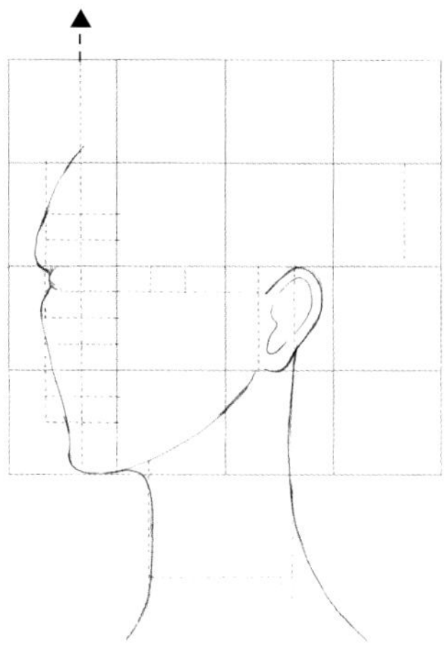

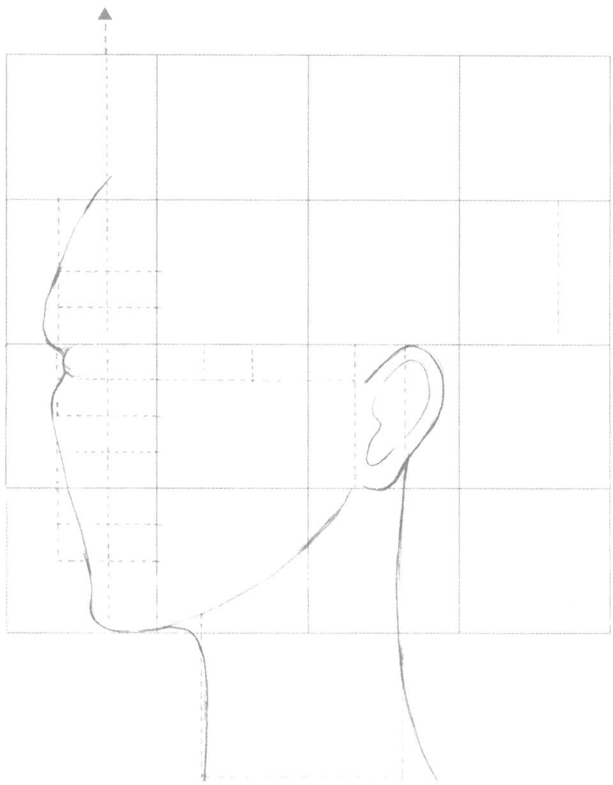

⑤ 코

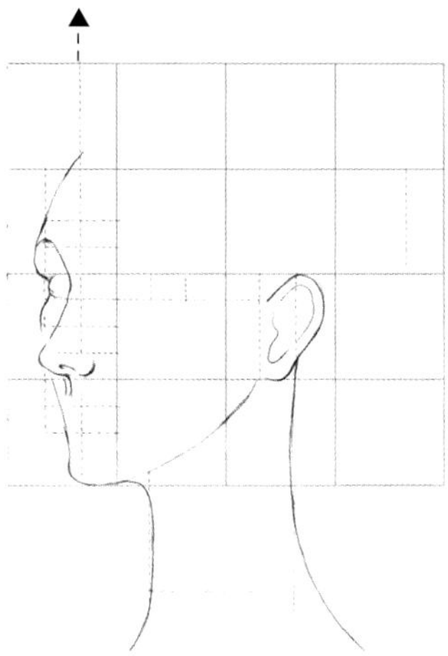

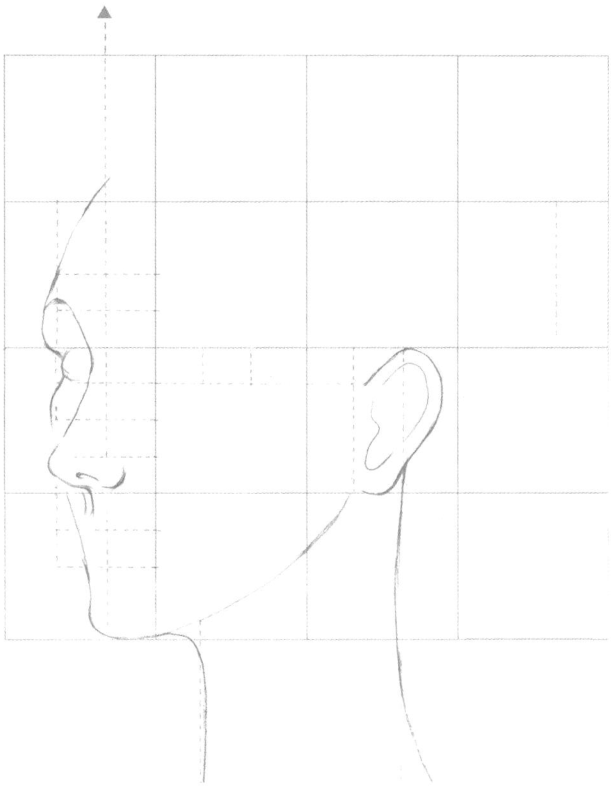

6 입술

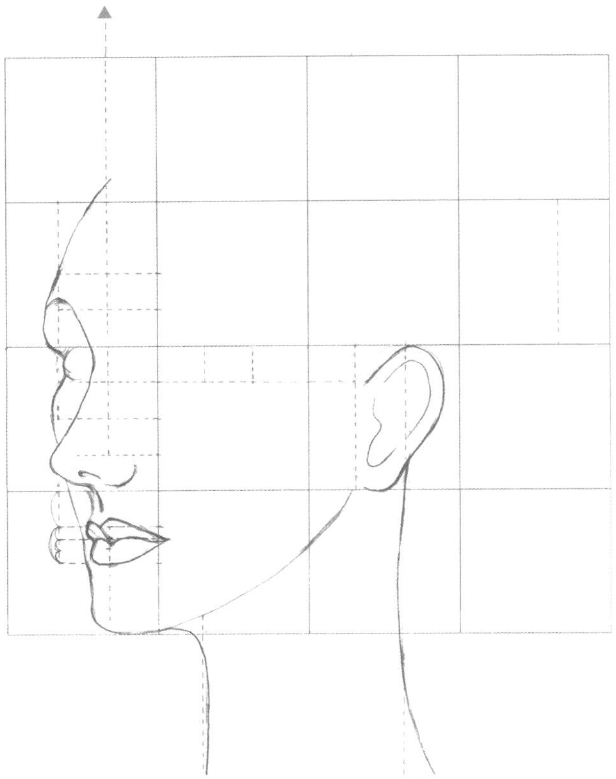

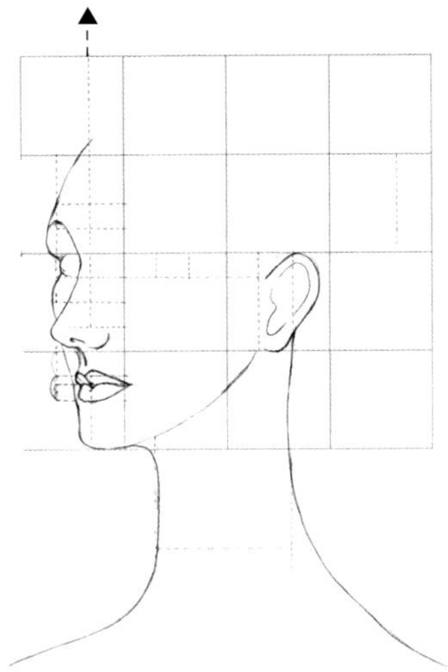

7 눈

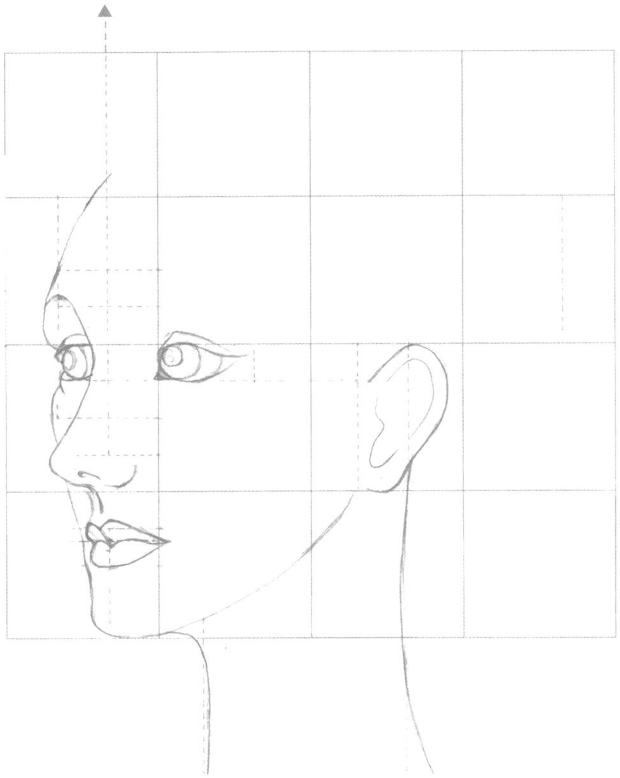

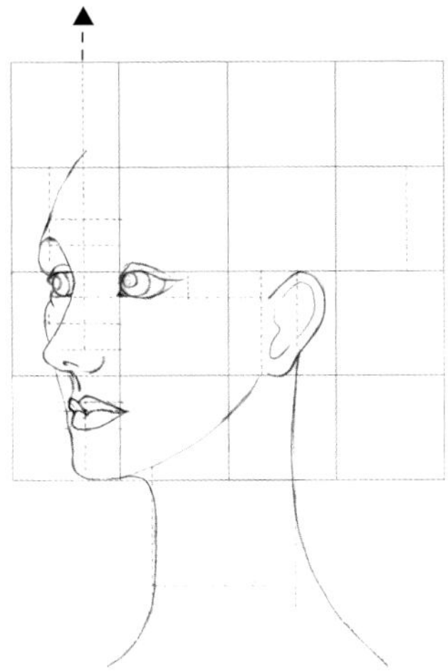

8 눈썹

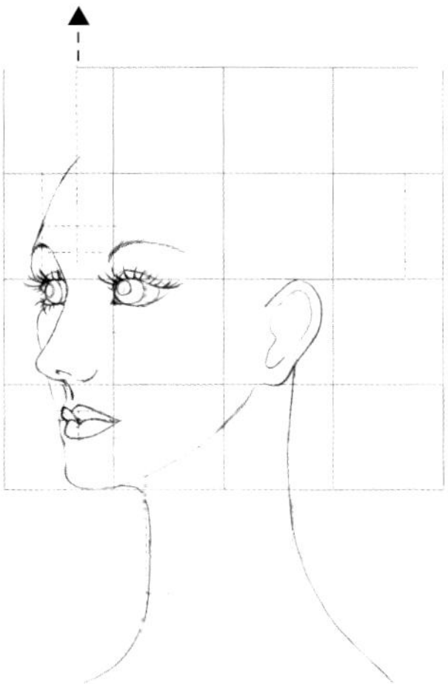

9 이마, 두상

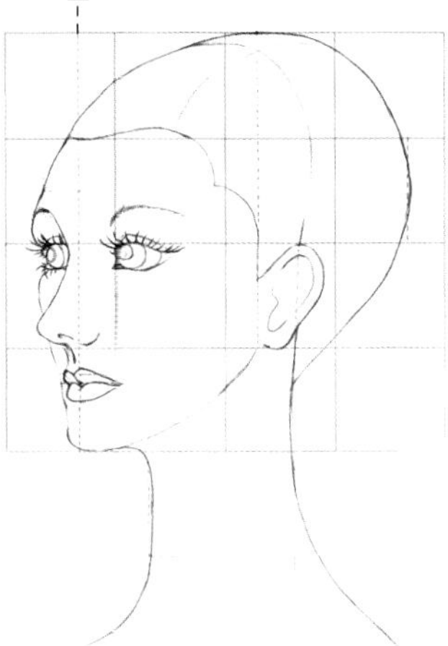

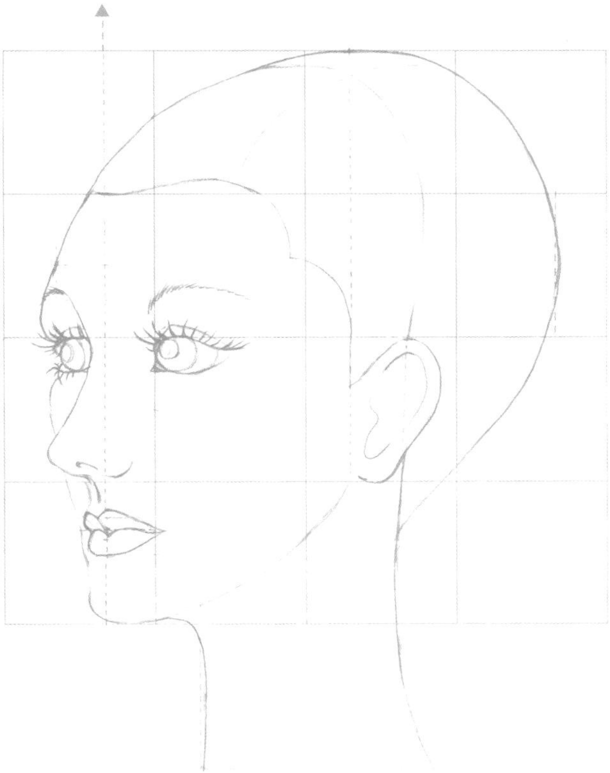

⑩ 8 : 2 얼굴 완성

6) 9 : 1 얼굴 그리기

1 9 : 1 얼굴 그리드

얼굴의 방향이 정면을 기준으로 하여 120° 방향으로 거의 뒤를 향하고 있어 뒷머리 부분이 주로 보이며, 얼굴 부분은 거의 보이지 않고 속눈썹과 입술의 끝 부분만 보이는 방향이다. 중심선 Y축의 이동을 주목하고 이하의 그리드는 그림을 참고한다.

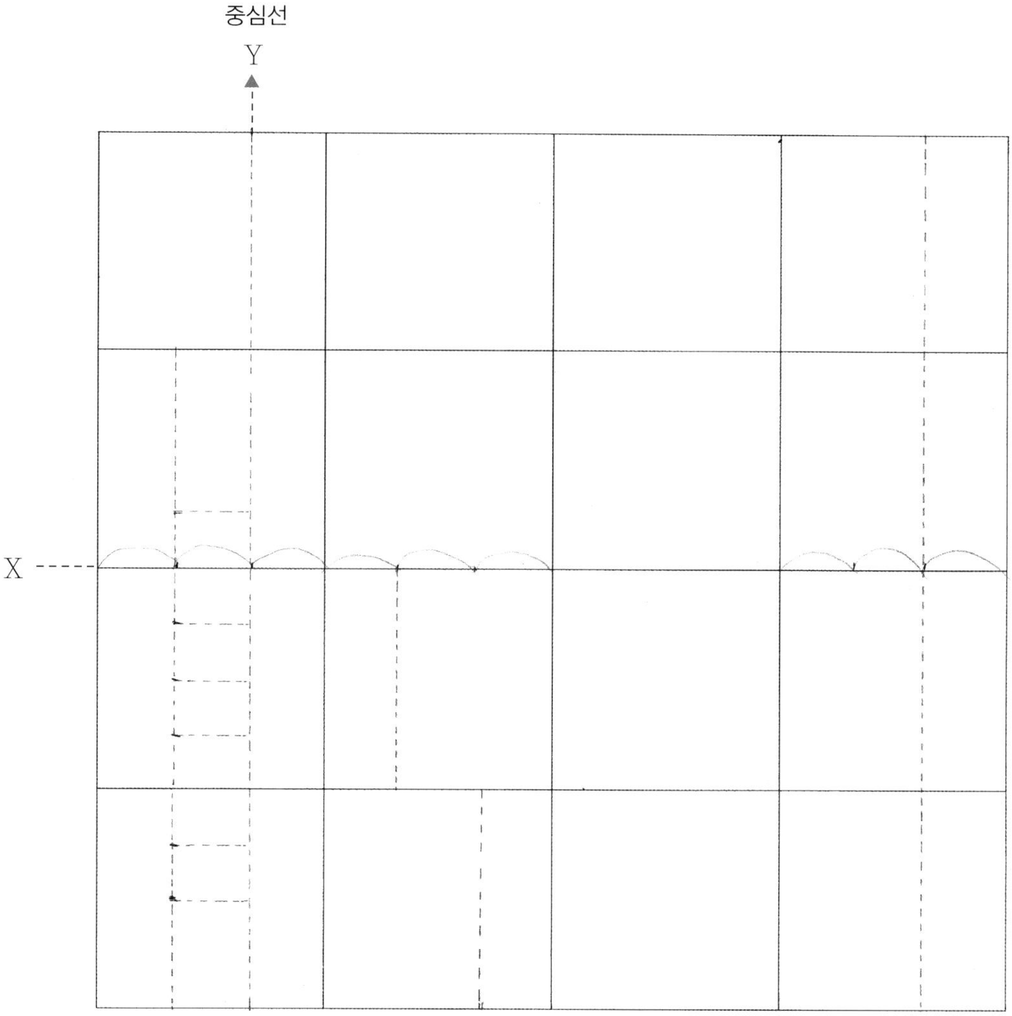

2 얼굴 윤곽 강조점

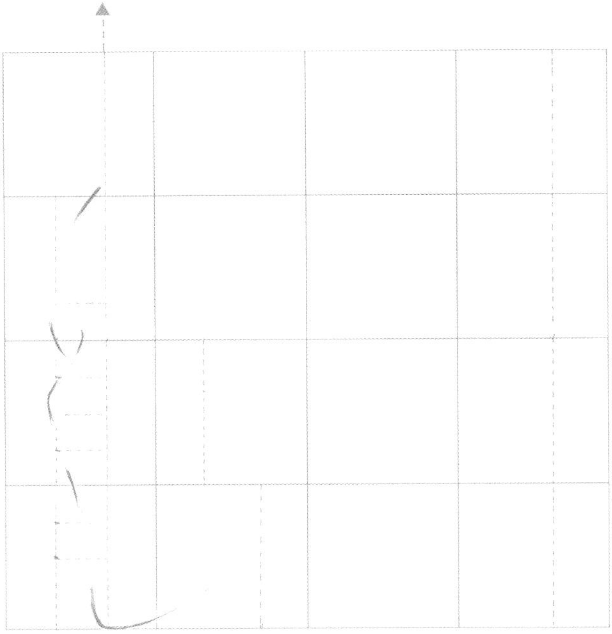

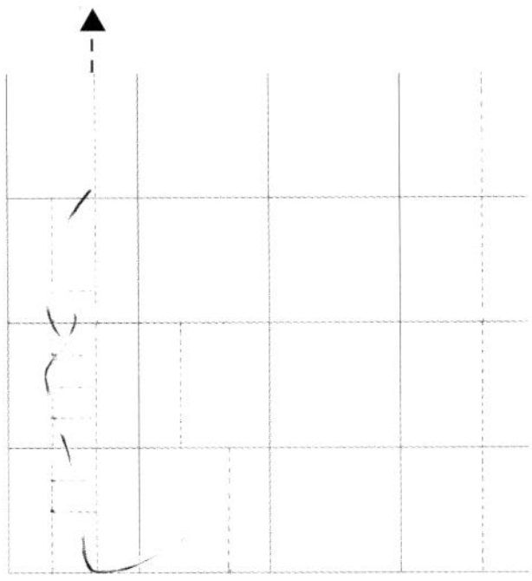

3 얼굴 윤곽선

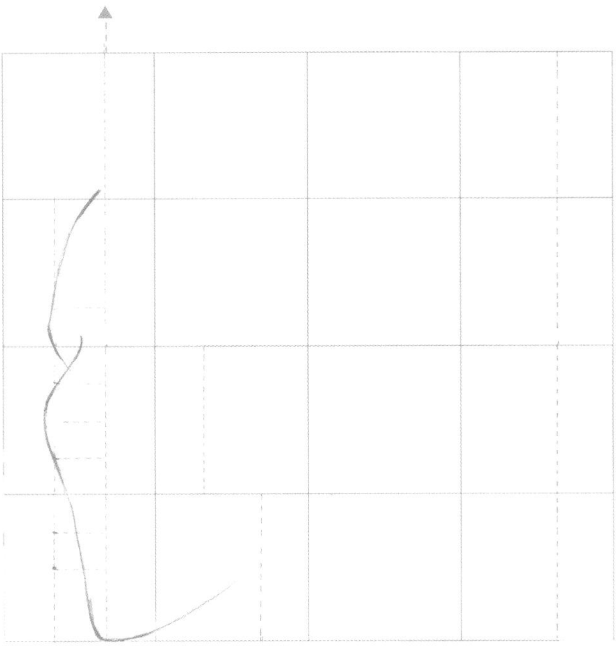

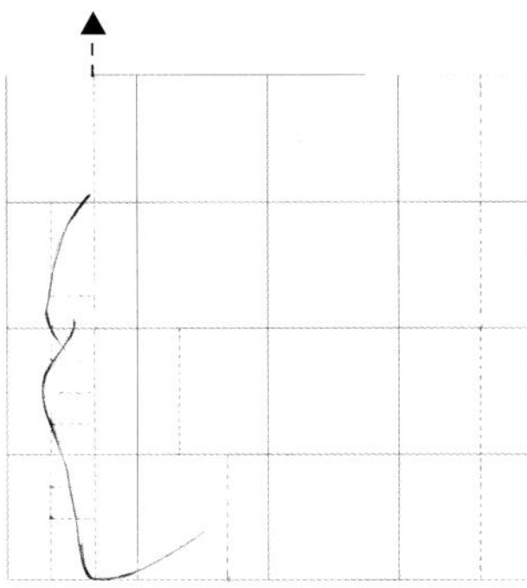

4 코, 입술, 눈썹

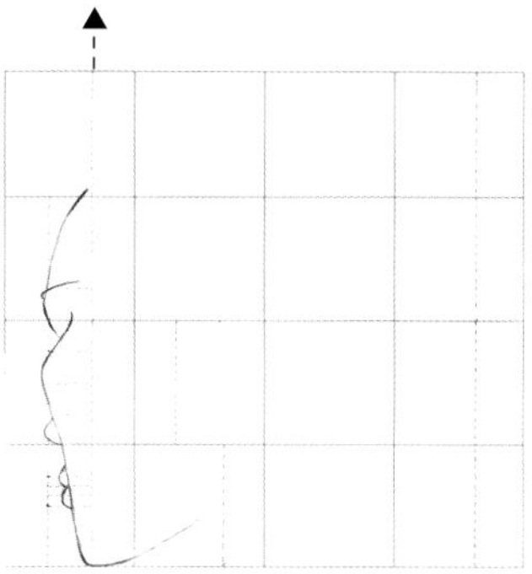

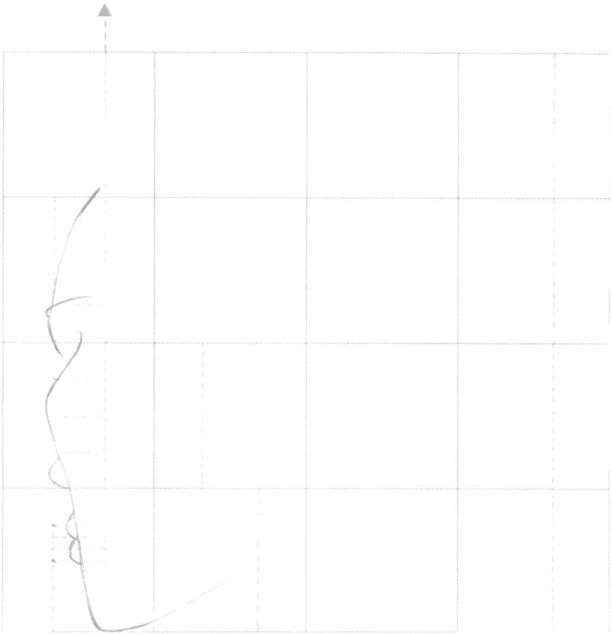

5 귀, 왼쪽 목선

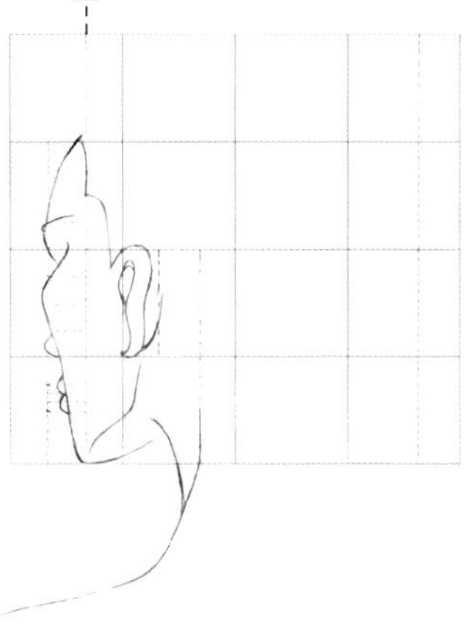

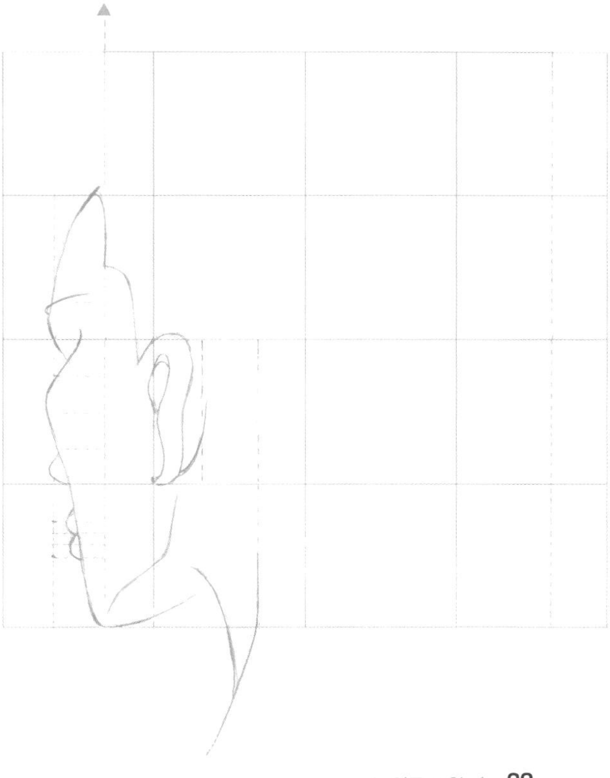

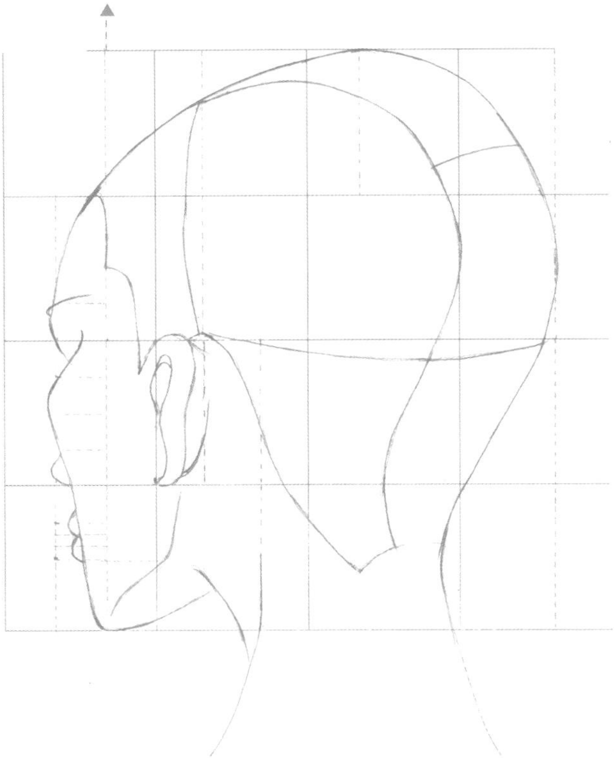

⑥ 뒷 머리, 오른쪽 목선

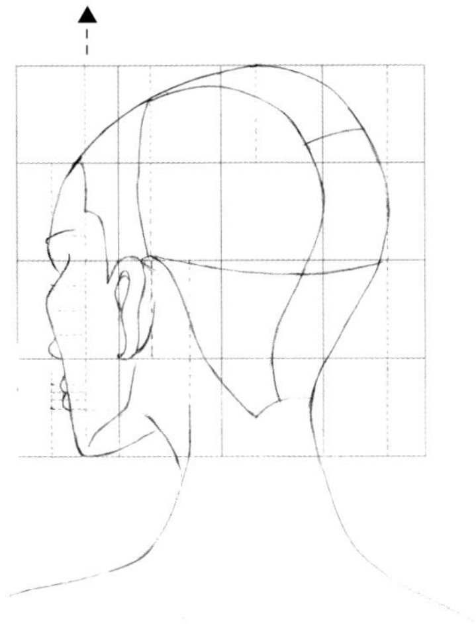

7 9 : 1 얼굴 완성

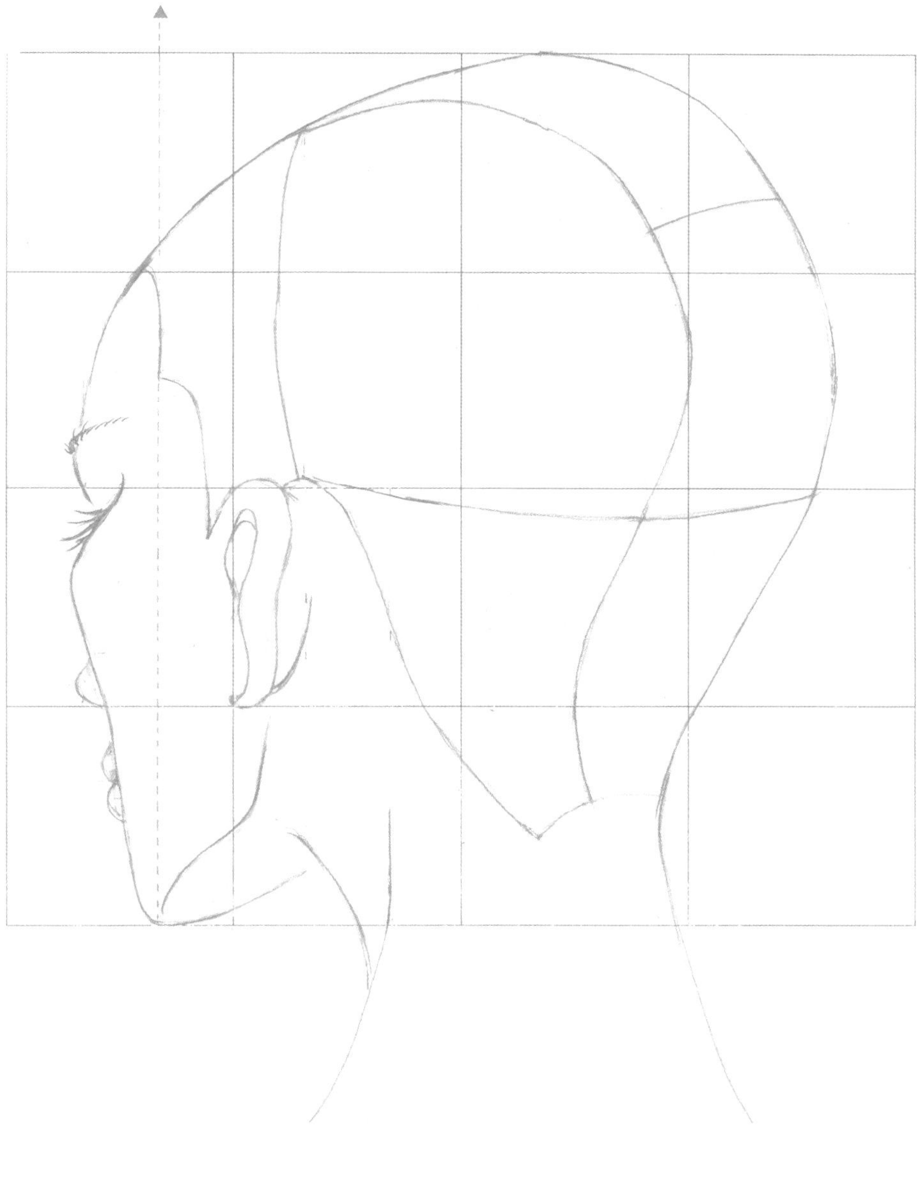

2. 눈썹 그리기

제시된 눈썹의 모양을 따라 눈썹을 그려보세요.

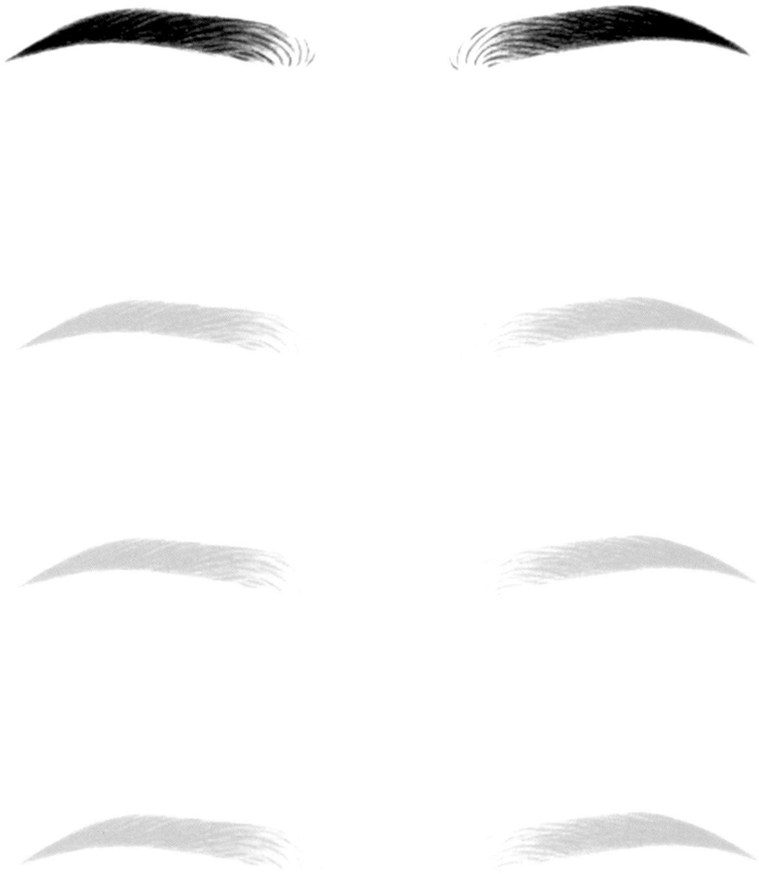

제시된 눈썹 그림을 따라 그려보세요.

3. 눈과 눈썹 그리기

얼굴 그리드에서 설명한 바와 같이 얼굴의 향하는 방향에 따라 눈과 눈썹의 형태가 틀리게 보인다.

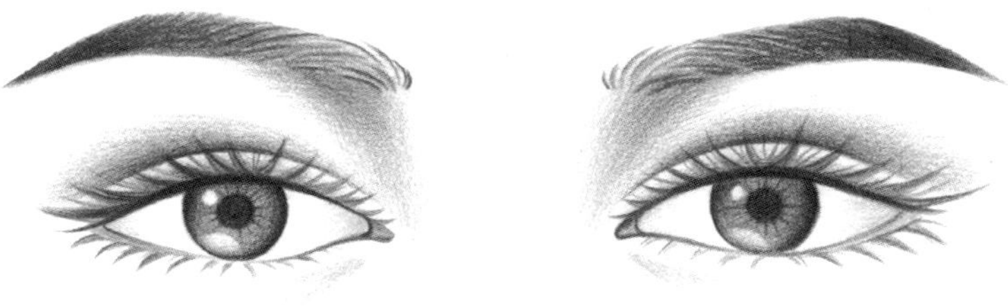

[정면 얼굴]

[6 : 4 얼굴]

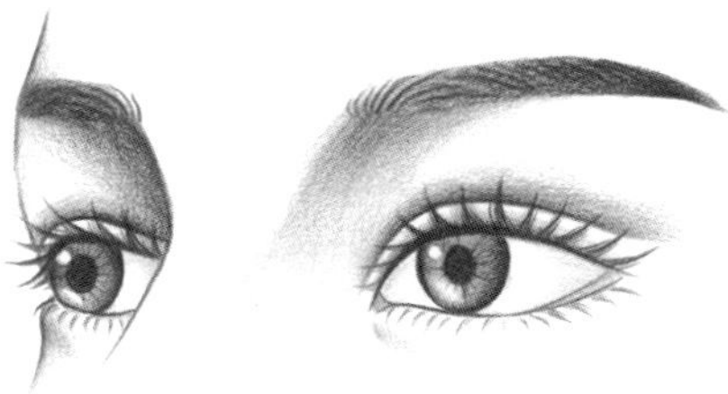

[8 : 2 얼굴]

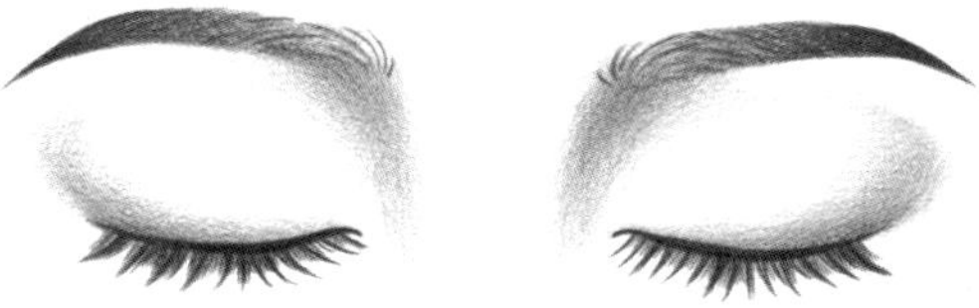

[정면 얼굴]

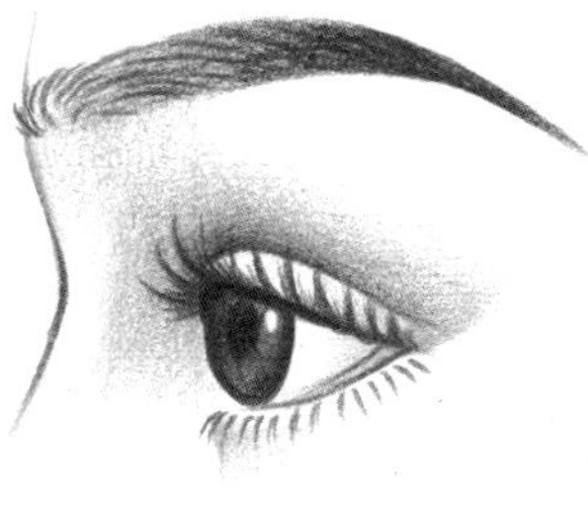

[5 : 5 얼굴]

제시된 눈과 눈썹의 그림을 따라 그려보세요.

[정면 얼굴]

[6 : 4 얼굴]

[8 : 2 얼굴]

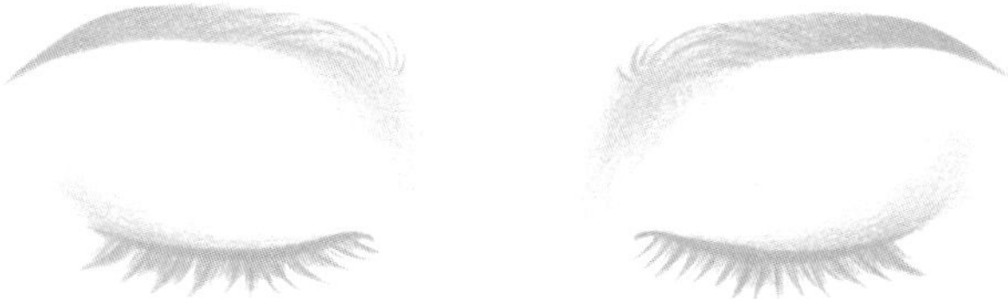

[정면 얼굴]

[5 : 5 얼굴]

4. 코 그리기

[상향]

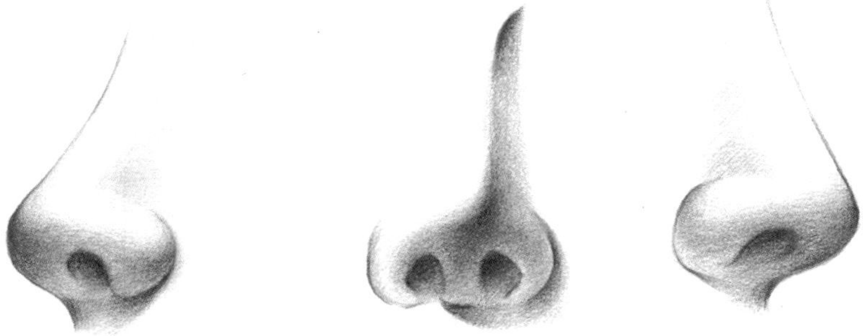

[중앙]

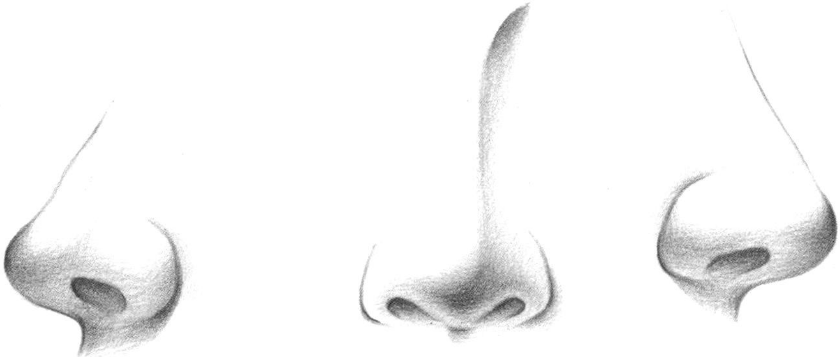

[하향]

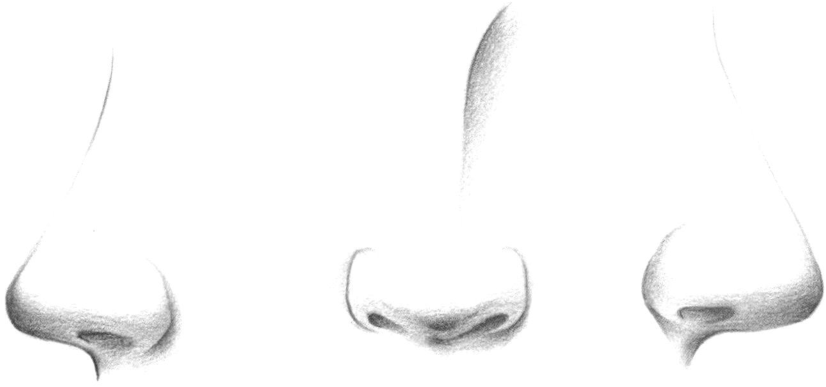

제시된 코 그림을 따라 그려보세요.

[샹향]

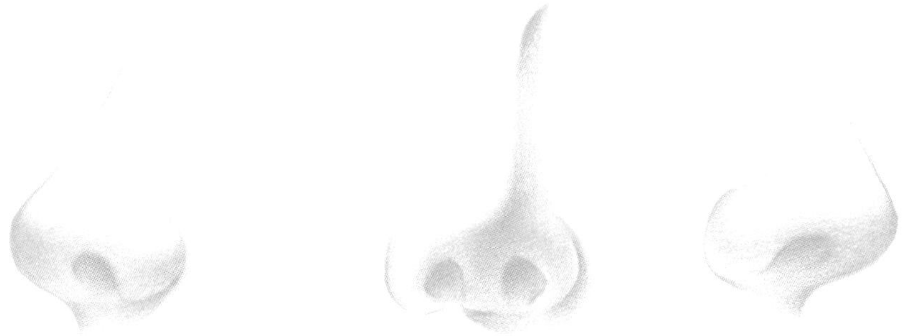

[중앙]

[하향]

5. 입술 그리기

제시된 입술 그림을 따라 그려보세요.

6. 귀 그리기

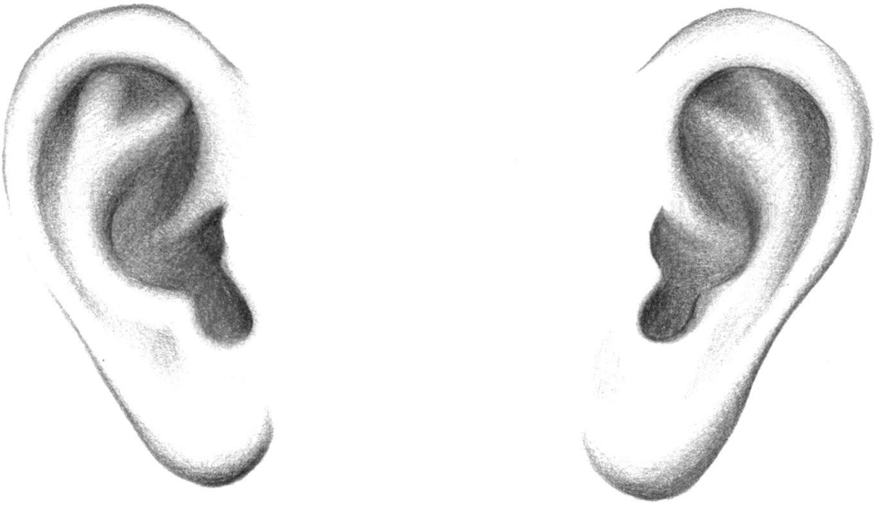

제시된 귀 그림을 따라 그려보세요.

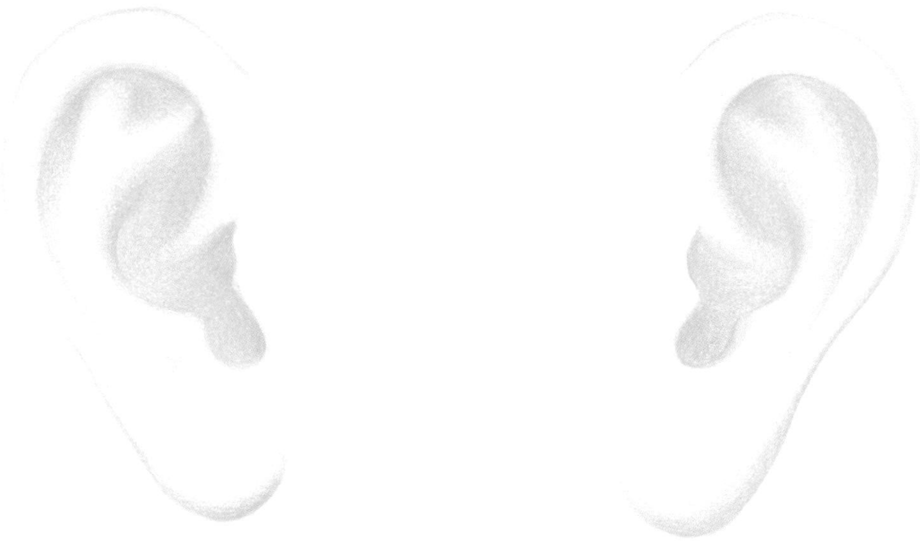

CHAPTER 4

헤어 스케치

B E A U T Y I L L U S T R A T I O N

헤어디자이너(hair designer)들이 헤어디자인(hair design)작업의 단계에 있어서 새로운 헤어스타일 이미지의 발상이나 헤어 트랜드(hair trand)에서 제시된 헤어디자인에 대한 변화를 모색할 때, 혹은 고객의 이미지와 얼굴형에 알맞은 헤어디자인을 고객에게 제안할 때, 헤어디자이너 자신만의 예술성 있는 이미지의 제안이 필요하다. 그러나 뷰티산업 현장에서 현실적으로 헤어디자이너들이 고객 상담에 소요되는 시간은 아주 짧기 때문에 대부분의 헤어디자이너들은 각자의 경험치와 숙련된 직관에 의존하기 쉽다. 이러한 짧은 시간 내에 헤어디자이너가 자신이 상상하고 있는 헤어스타일을 고객에게 전달하기 위해 행하여지는 헤어스타일 일러스트레이션(hair style illustration)을 '헤어 스케치(hair skctch)' 라 한다.

헤어 스케치는 일반적으로 15분 내에 완성하는 특징적인 그림이다. 헤어 스케치는 메이크업 일러스트레이션에서 보여지는 메이크업디자이너의 아이디어 발상 단계의 그림과 대조되는 그림으로서 고객과의 상담을 위한 고객 서비스 차원의 그림이라고 할 수 있다. 그러므로 현장에서 단숨에 헤어디자이너의 디자인적 감각과 예술성을 고객에게 전달하는 일종의 퍼포먼스(performance)이며, 프로모티브 데몬스트레이션(promotive dermonstration)[7]을 하는 행위 디자인이다. 헤어쇼를 할 때 이젤과 그림보드를 무대에 올려서 음악과 율동에 따라 헤어 스케치를 하고, 그려진 헤어 스케치에 따른 헤어 스타일 작품을 무대 위에서 직접 시범을 보

7) 프로모티브 데몬스트레이션(promotive dermonstration) : 헤어살롱이나 헤어쇼에서 헤어디자이너가 자신이 개발한 헤어디자인을 더욱 흥미 있는 볼거리로써 고객에게 설득력 있게 시범을 보이는 것을 말한다.

이는 것은 이러한 맥락에서 시도 되는 것이라 할 수 있다. 그러므로 헤어 스케치는 마치 패션 일러스트레이션에서 패션디자이너들의 예술적 드로잉 감각을 유감없이 발휘하듯이 헤어디자이너들만의 독특한 감각이 통속적으로 키치(kitch)[8)]하게 묻어나는 것이 그 특징이라 할 수 있다.

헤어 스케치에 있어서 두상의 방향을 정확하게 묘사하는 것이 헤어스타일의 구조를 정확하게 설명되게 하는 표현의 기본이 된다. 그리고 가능한 단시간에 헤어 스케치를 완성하여야 하는 특성으로 인하여 얼굴을 포함한 두상의 표현에 소요되는 시간은 단축시키고, 헤어스타일 표현을 강조하기 위한 모발의 표현에 중점을 두는 표현 기술이 요구된다.

8) 키치(kitch) : 독일어로 저속한, 저급한 등의 뜻으로 패션, 광고디자인 등에서 흔히 사용되는 용어이나 본 서에서는 전통적인 미술교육을 통한 클라식한 쇼묘나 크로키 작업 등과 상반되는 스케치로써 헤어디자이너의 아이디어가 직설적이고 가식 없이 대중적이고 통속적으로 묻어나는 미용인들만의 독특한 그림을 의미한다.

1. 모발 그리기

1) C컬, J컬, S컬

모든 모발의 표현은 출발점이 있다. 그러므로 한 지점에서부터 시작되어 파생되는 형태로 그려야 한다. 일반적으로 가장 많이 표현되는 컬의 형태는 C컬, J컬, S컬이다.

※다음에 제시된 C컬, J컬, S컬을 따라 그려보세요.

2) 모발의 볼륨 표현

모발의 표현은 선이 모여서 면을 형성하는 도형의 기본 원리에 따른다. 그러므로 먼저 선으로 모발의 윤곽을 그린 다음 선을 이용하여 면을 형성해 가면서 그려준다.

(1)

(2)

(3)

※ 다음의 모발을 (3)과 같이 따라 그려보세요.

3) 모발의 흐름 표현

1), 2)에서 언급된 바와 같이 모발의 표현은 임의의 시작점과 시작선을 기준으로 하여 C컬, J컬, S컬에 따르는 각각의 컬을 형성하면서 그려준다. 한편, 그려준 기존의 컬에 이어 또 다른 선을 파생시켜 가면서 모발의 흐르는 방향을 표현하게 된다. 그리고 선으로 면을 형성하는 기법으로 모발의 흐름을 표현한다.

(1) (2) (3)

※다음의 모발을 (3)과 같이 따라 그려보세요.

4) 원기둥형 모발 표현

원기둥형의 롤 형태의 모발을 표현할 때는 처음부터 선으로만 그려주면 많은 시간이 소요됨으로 3장의 원기둥에서 배운 바와 같이 원기둥의 전체 명암 처리를 해준 다음 단단한 HB, 2H 등의 연필을 뾰족하게 하여 모발의 질감을 표면 처리하는 방법으로 그려준다.

5) 땋은 머리, 꼰 머리 표현

땋은 머리, 꼰 머리 혹은 백콤을 넣은 둥근 형태의 모발 표현은 제1장의 원기둥, 구에서 배운 도형의 표현을 기본으로 한다. 모발의 형태를 원기둥, 구라고 생각하고, 빛의 방향을 설정한 다음 옅게 명암을 먼저 표현하여 둔다. 위에 위치한 모발의 면은 아래에 위치한 모발의 면보다 명도를 높게 표현하는 것이 모발 구조에 대한 이해를 높여준다. 옅은 명함 처리가 된 도형을 그려준 후 그 위에 모발의 흐르는 방향에 따라 질감 표현을 해준다.

(1)

(2)

(3)

※ 다음의 모발을 따라 그려보세요.

(4)

(5)

※ 다음의 모발을 따라 그려보세요.

6) 모발의 흐름과 방향 연습

※ 다음의 그림 위에 모발의 흐름을 연필로 따라 그려보세요.

※ 다음의 그림 위에 모발의 흐름을 연필로 따라 그려보세요.

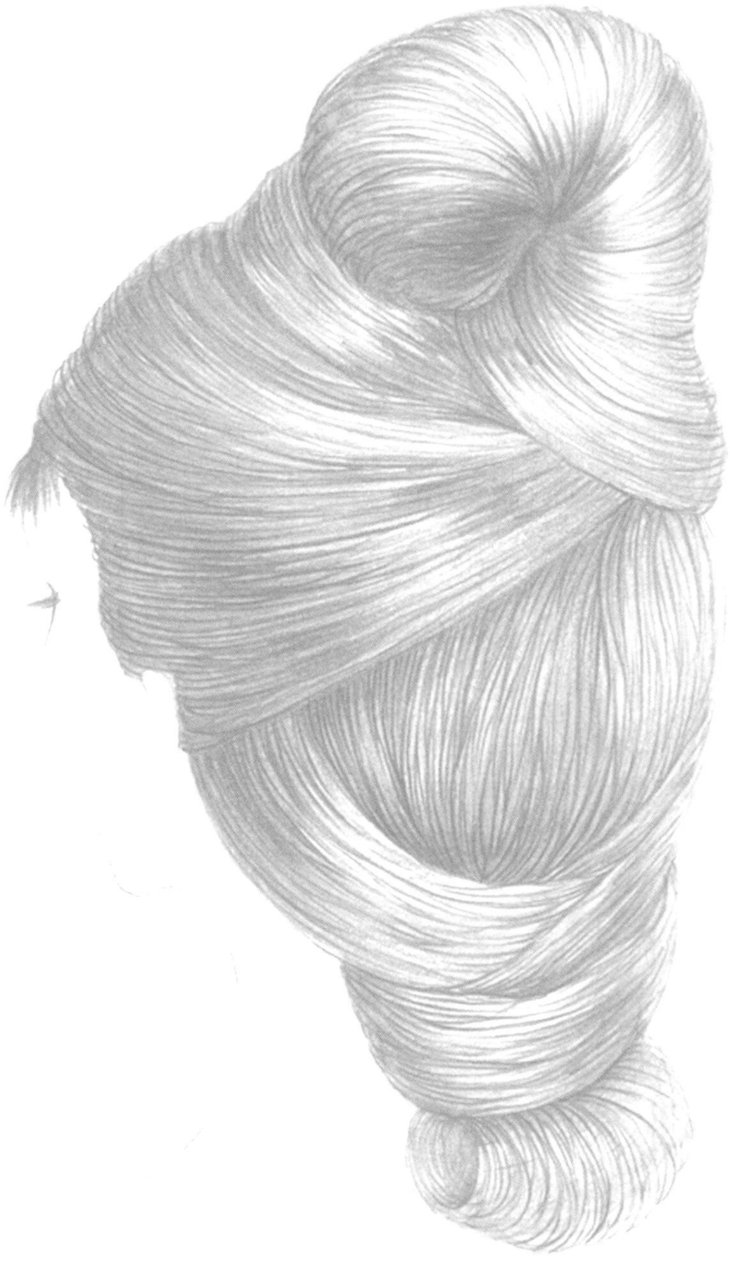

2. 붓펜으로 헤어 스케치 연습하기

1) 정면 헤어 스케치 따라 하기(붓펜으로 따라 그려보세요)

붓펜으로 가능한 빨리 속력을 내어 그림 위에 따라 그려보세요.
팔목은 책상에 붙이지 않고 그리는 연습을 해 보세요.
필압을 주는 연습도 해 보세요.

①

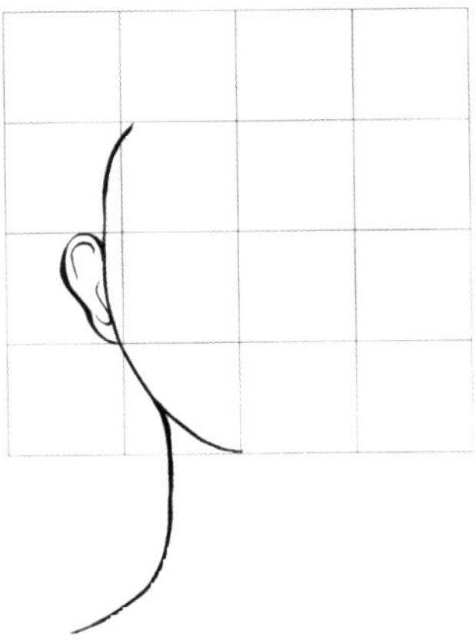

②

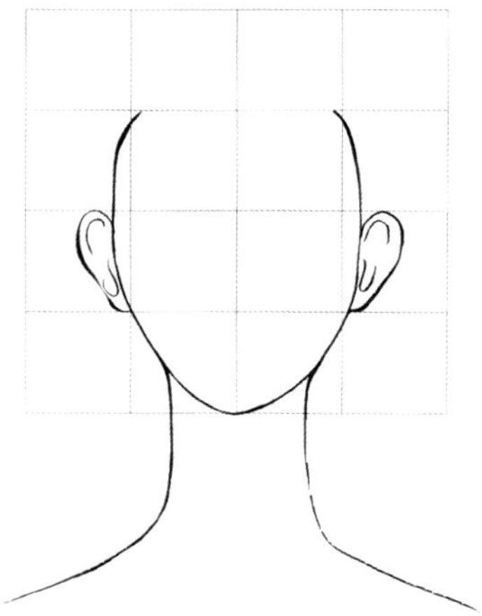

③

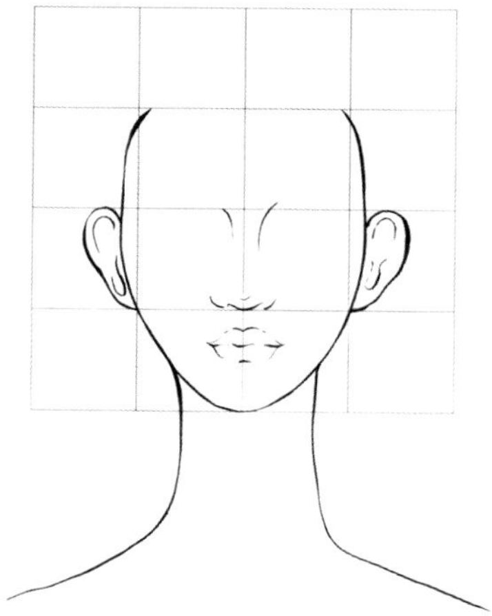

완성된 정면 얼굴 위에 어울리는 헤어스타일을 붓펜으로 헤어 스케치해 보세요.

④

2) 5 : 5 헤어 스케치 따라 하기(붓펜으로 따라 그려보세요)

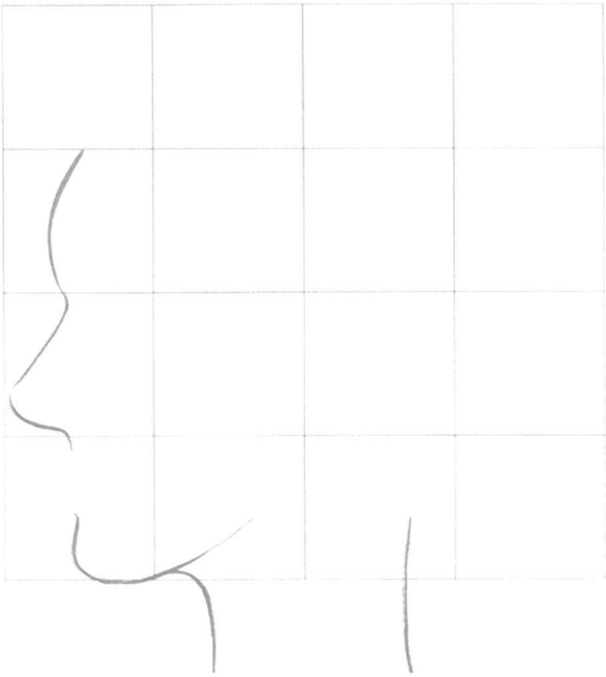

①

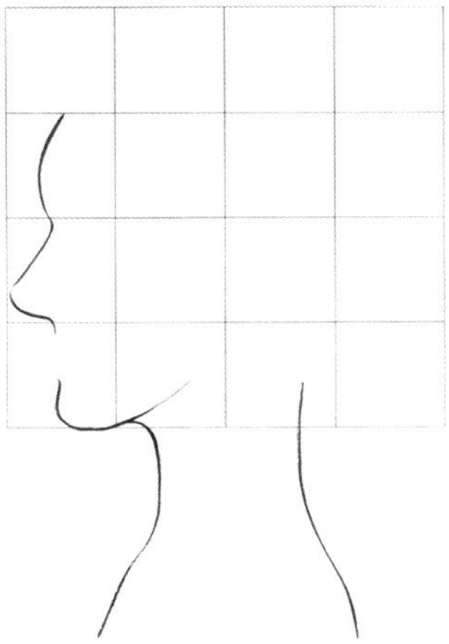

②

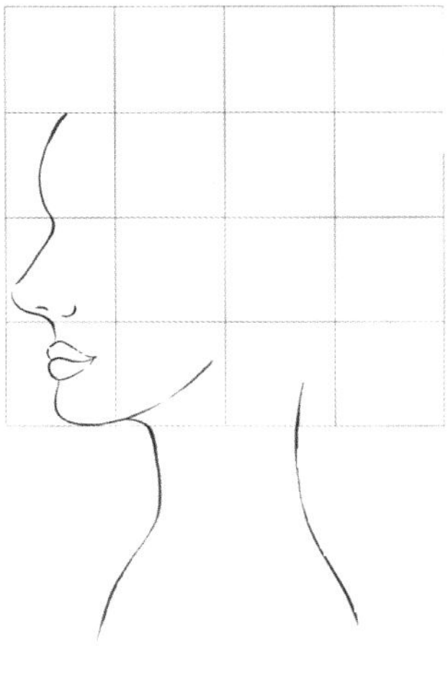

③

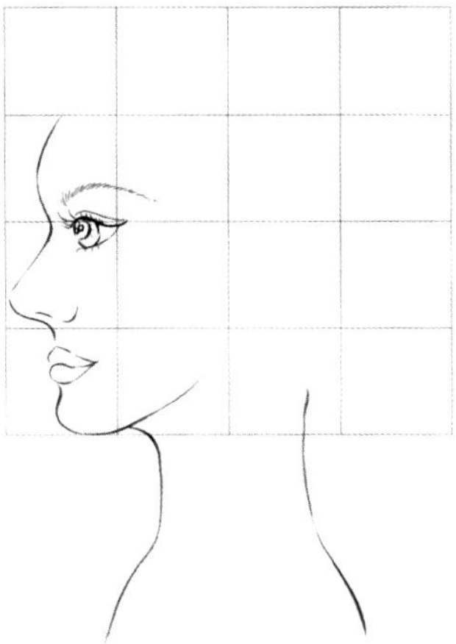

완성된 5 : 5 얼굴 위에 어울리는
헤어스타일을 붓펜으로
헤어 스케치해 보세요.

④

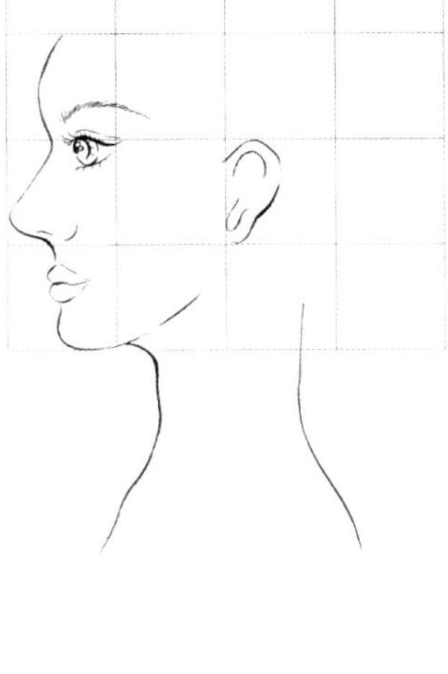

3) 7 : 3 헤어 스케치 따라 하기 (붓펜으로 따라 그려보세요)

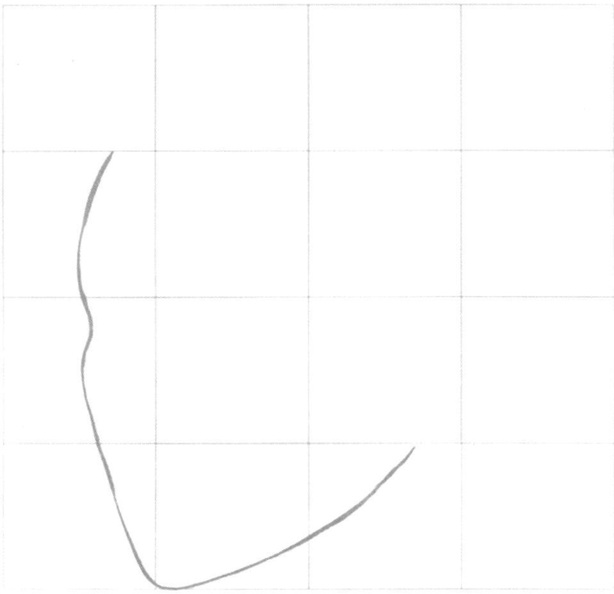

①

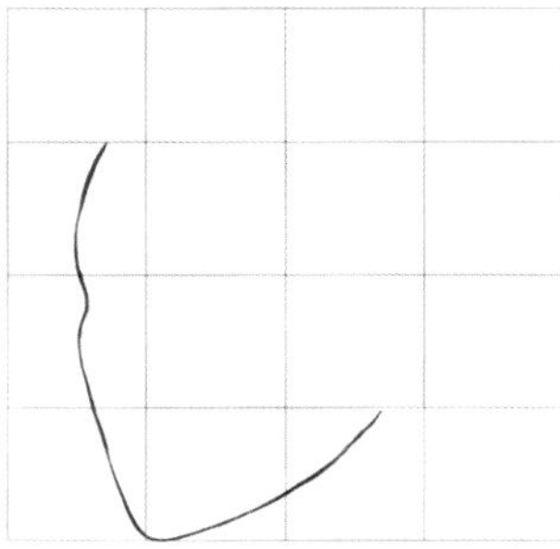

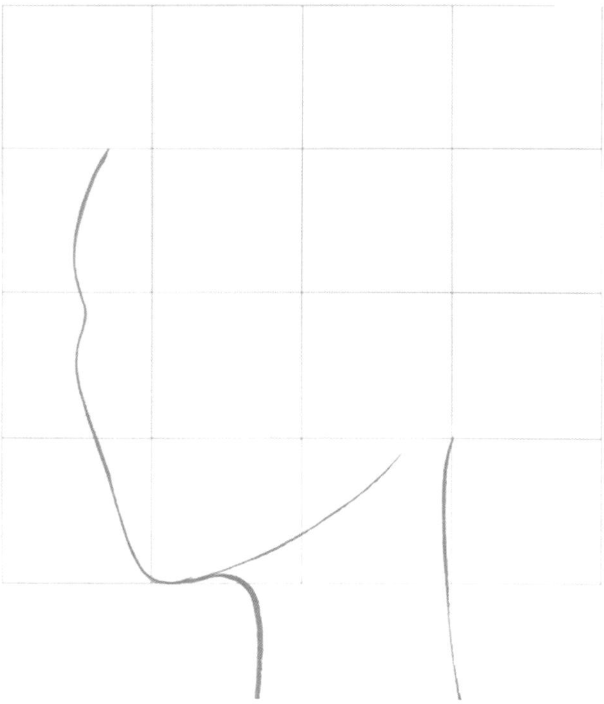

②

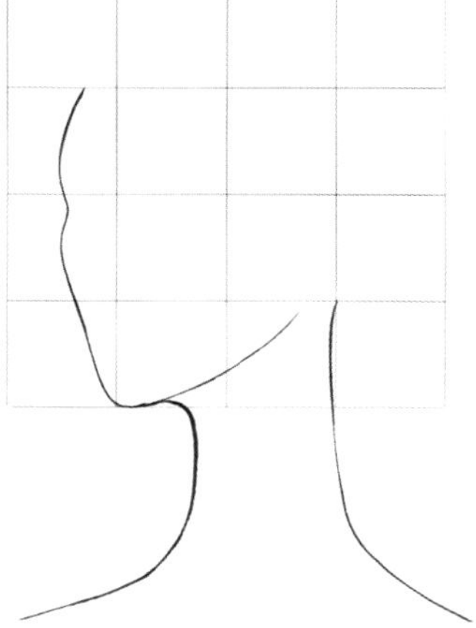

③

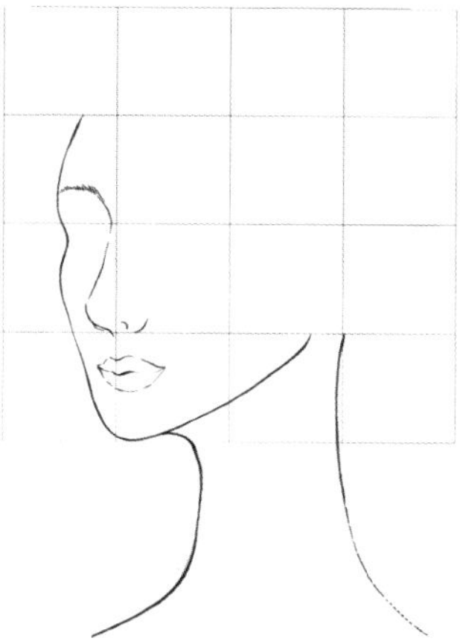

완성된 7 : 3 얼굴 위에 어울리는
헤어스타일을 붓펜으로
헤어 스케치해 보세요.

④

4) 9 : 1 헤어 스케치 따라 하기(붓펜으로 따라 그려보세요)

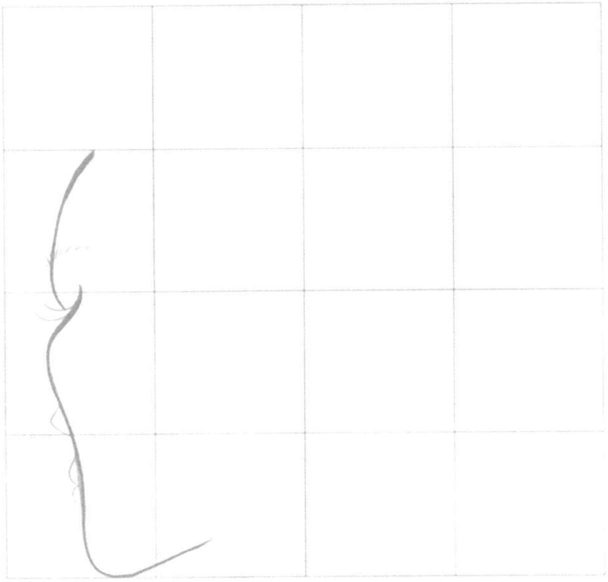

①

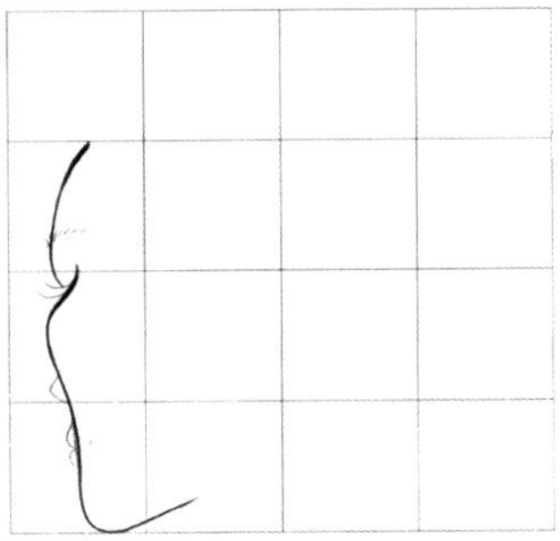

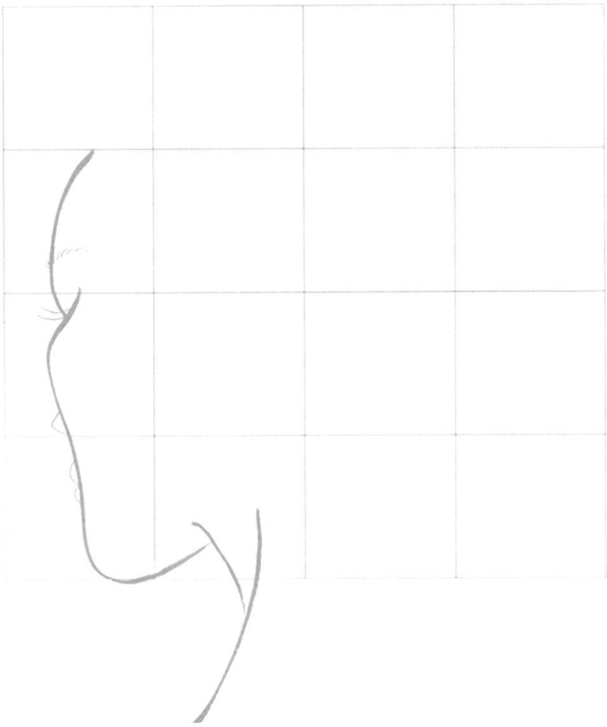

②

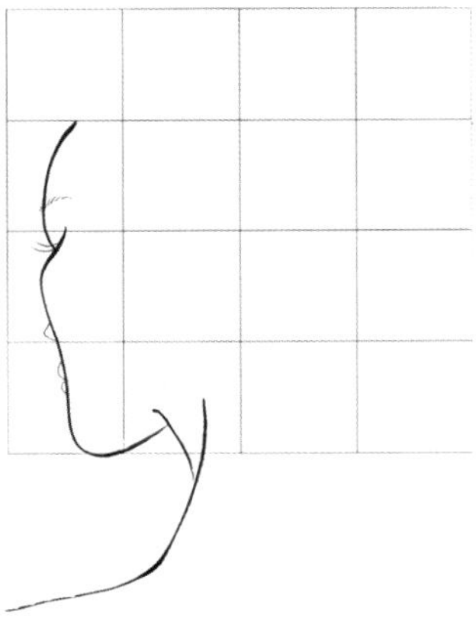

③

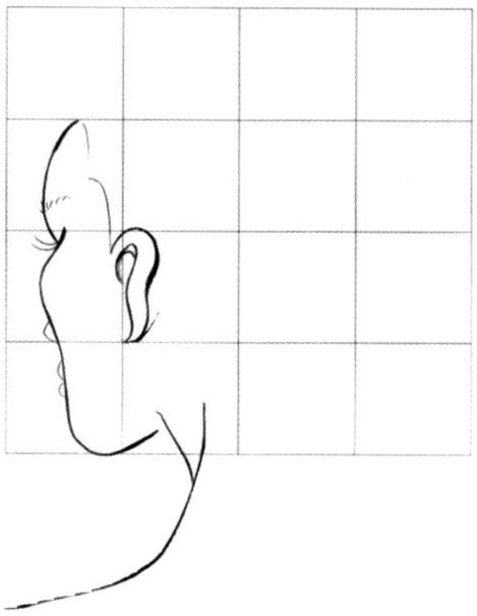

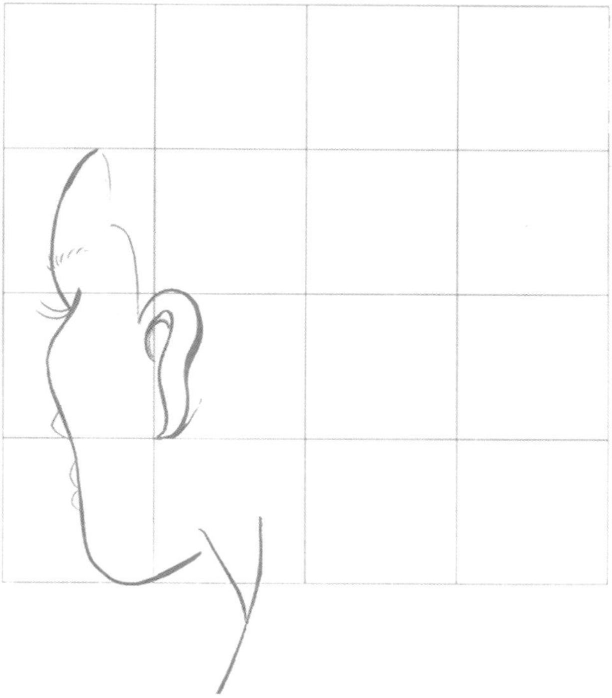

완성된 9 : 1 얼굴 위에 어울리는
헤어스타일을 붓펜으로
헤어 스케치해 보세요.

④

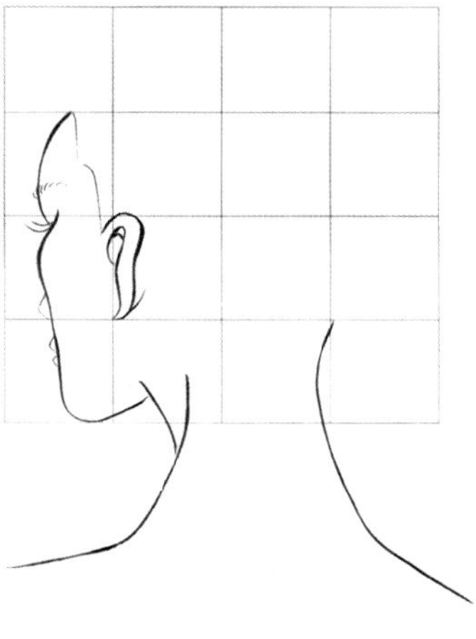

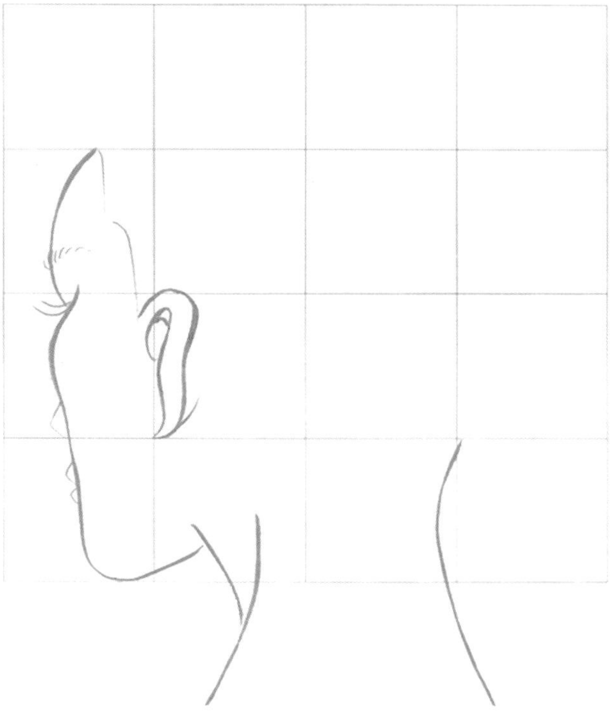

3. 연필 헤어 스케치

1) 4B연필을 사용하여 빠른 헤어 스케치를 연습한다.

(1)

(2)

(3)

※ 다음 그림 위에 4B연필로 필압을 주어가면서 (3)번 그림과 같이 빠른 헤어 스케치를 해 보세요.

2) 빠른 그림으로 헤어스타일의 구조를 스케치한 후 서서히 모발의 세부를 묘사하면서 볼륨을 연습한다.

(1)

(2)

(3)

※ 여러 가지 종류의 연필을 사용하여 아래의 그림 위에 (3)번과 같이 따라해 보세요.

CHAPTER 5

메이크업 일러스트레이션

BEAUTY ILLUSTRATION

메이크업 일러스트레이션(Make up Illustration)은 아주 짧은 시간 내에 완성하는 헤어 스케치와 달리 메이크업 디자이너가 주문받은 작업의 특성에 따라 사전에 계획적으로 아이디어 스케치를 한 후 이에 따른 이미지 구상, 색채 계획, 개성적인 재료 사용 등을 고려한 메이크업 일러스트레이션을 하는 특성이 있다. 그리고 미리 잘 디자인하여 둔 메이크업 패턴지를 사용하여 그 위에 뷰티 일러스트레이션을 하는 경우와 그렇지 않고 밑그림부터 메이크업 디자이너의 개성과 예술성이 강조되는 메이크업 일러스트레이션이 있다. 또한, 여러 가지 오브제를 사용하여 평면위에 메이크업 디자이너의 아이디어를 전달하고자 하는 2D 뷰티 일러스트레이션과 아트 마스크와 같은 얼굴의 입체적 형상 위에 그림을 그리거나 오브제를 사용하거나, 특수분장으로 제작된 피스들을 사용하여 제작하는 3D 뷰티 일러스트레이션도 있다.

어떠한 경우이든 메이크업 일러스트레이션의 경우에 있어서는 기본적으로 제3장에서 언급된 얼굴의 묘사뿐만 아니라 꽃이나 여러 가지 식물, 곤충, 혹은 간단히 그릴 수 있는 동물, 여러 가지 문양 등 다양한 사물의 묘사 능력이 요구된다. 그리고 색채에 대한 기본 지식과 색의 조화로운 배색 능력과 조색하여 발색하는 능력도 요구된다. 또한, 메이크업 디자이너 역시 모든 현장 작업은 시간에 의존되기 때문에 빨리 그리고 표현할 수 있는 기능을 위한 붓질과 필력에 힘을 주는 연습이 요구된다. 에어브러시와 같은 도구의 사용 연습 등의 훈련도 요구된다. 나아가 미디어의 바달에 따라 디지털 이미지의 형성 원리와 이미지 데이터의 입력과 출력에 요구되는 지식, 그리고 컴퓨터에 활용되는 포토샵을 비롯한 프로그램 활용 능력 등도 요구된다.

이러한 모든 기능과 재료의 사용들은 조화로운 메이크업 디자인을 위한 것이기 때문에 필요한 모든 구성 요소들을 디자인의 원리에 맞게 구성해야 만이 조화와 균형을 이루고, 아름답게 보일 수 있어 기초적인 디자인에 대한 개념 이해와 디자인의 원리에 대한 지식도 있어야 한다.

1. 브러시 스트록(Brush strok) 연습

세필 붓으로 한 획에 필압을 이용하여 다양한 문양을 만드는 연습을 한다.
다음에 제시된 그림을 따라 연습해보자

1) 식물, 꽃 연습

다음의 그림 위에 브러시 스트록 연습을 해 보세요.

붓의 끝을 뾰족하게 한 후 스트록을 끊지 않고 그 지점에서 방향만 정한 후 아래로 눌러주는 방법으로 무늬를 만든다. 즉 붓의 필압을 이용하여 무늬를 빨리 그릴 수 있게 연습한다.

(1) (2) (3) (4) (5) (6)

(1)

(2)

(3)

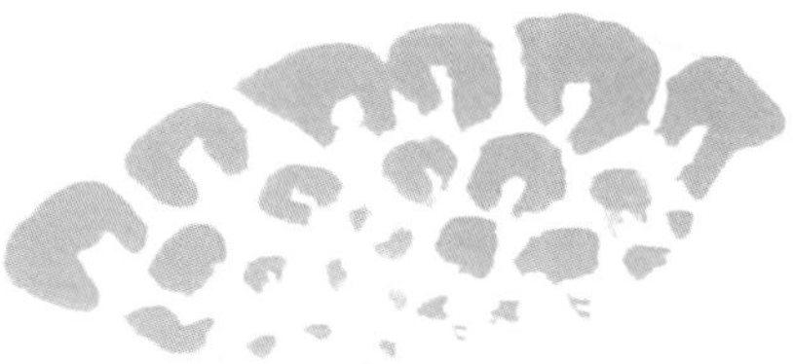

(4)

(5)

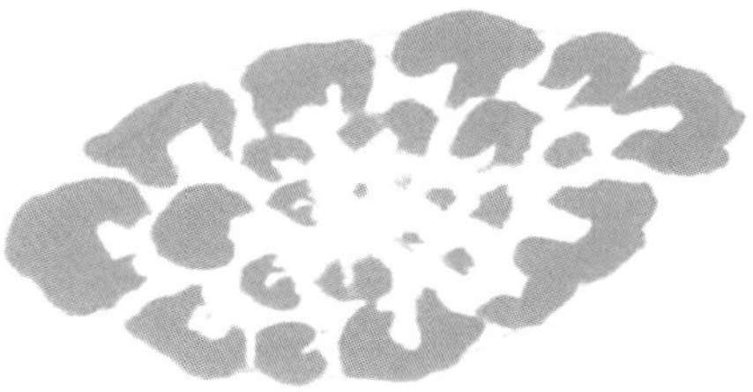

(6)

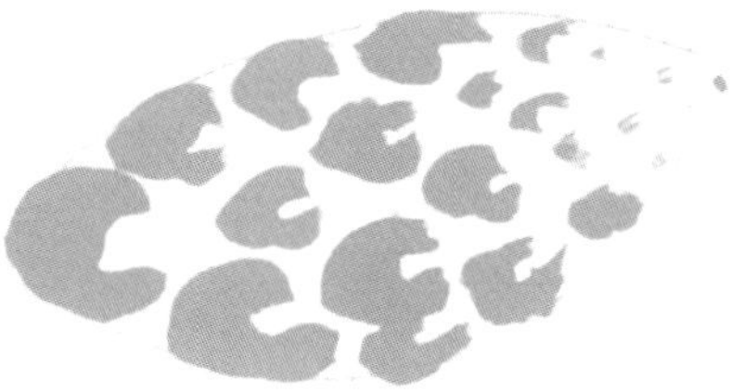

(7)

(8)

(9)

(10)

(11)

(12)

(7)

(8)

(9)

(10)

(11)

(12)

(13)

(14)

(15)

(16)

(17)

(18)

(13)

(14)

(15)

(16)

(17)

(18)

(19)

(20)

(19)

(20)

2) 나비, 곤충 연습

꽃, 식물과 함께 많이 사용되는 문양이 나비, 곤충류이다. 아트 메이크업, 판타지 메이크업, 헤나아트, 보디페인팅 등에 많이 사용되는 문양으로써 다음과 같이 브러시스트록 기법으로 표현하면 단숨에 쉽게 표현할 수 있다.

(1)

(2)

(1)

(2)

(3)

(4)

(5)

(3)

(4)

(5)

(6)

(7)

(8)

(6)

(7)

(8)

(9)

(10)

(9)

(10)

2. 에어 브러시(Air Brush) 연습

잉크가 공기의 힘으로 분사되는 힘을 이용하여 그림을 그리는 일러스트레이션 기법으로서 스텐실(stencil)을 이용하는 기법과 프리 드로잉(free drawing)의 기법이 많이 사용된다. 먼저 스텐실을 이용해서 도형을 그려본 후 프리드로잉을 연습해 본다.

1) 스텐실 연습

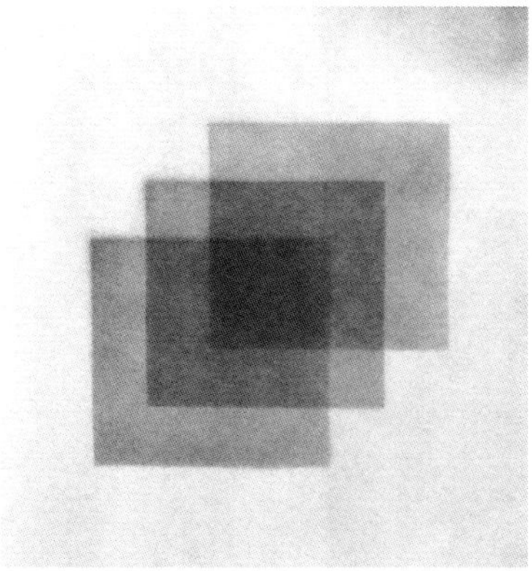

(1) 사각형

(2) 구

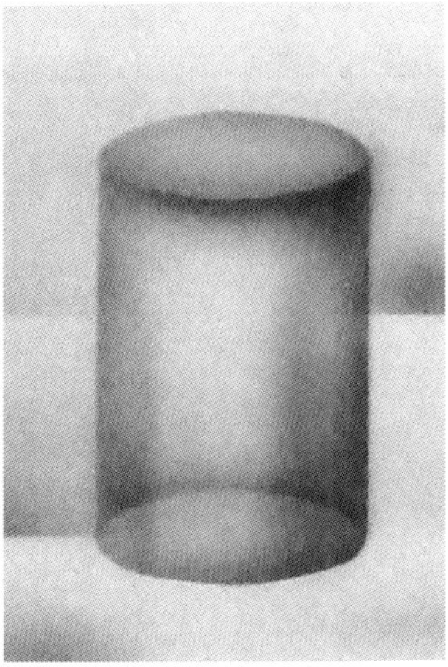

(3) 원기둥

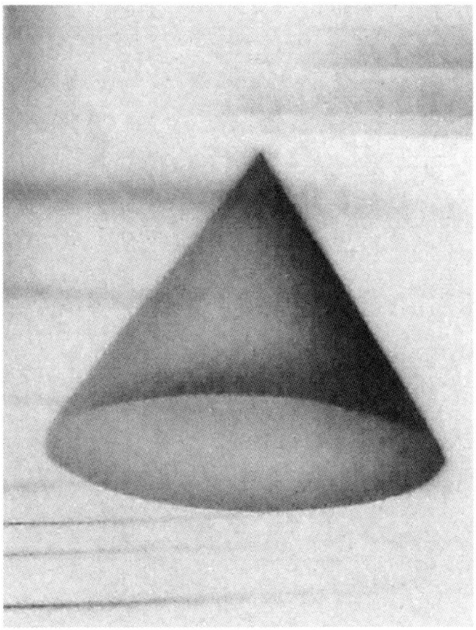

(4) 원추

(5) 태극

(6) 산

(7) 동물 눈

2) 프리 드로잉 연습

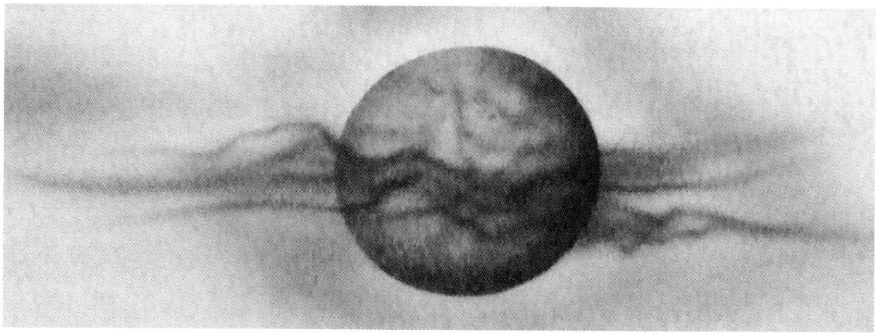

(1) 구 응용

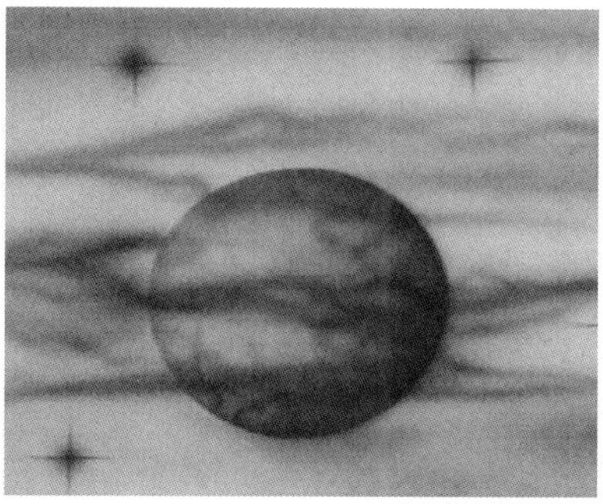

(2) 구 응용

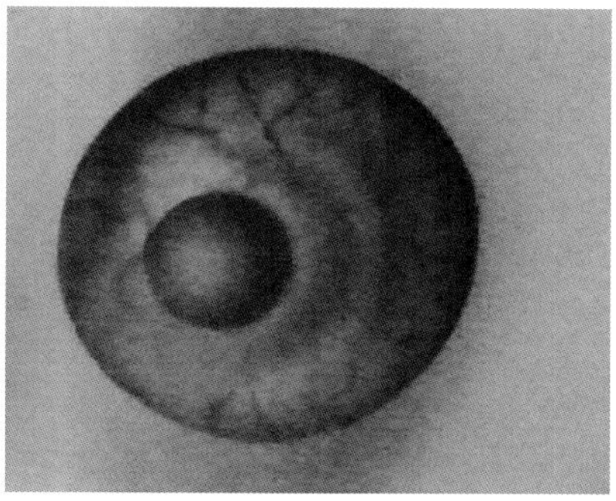

(3) 구 응용

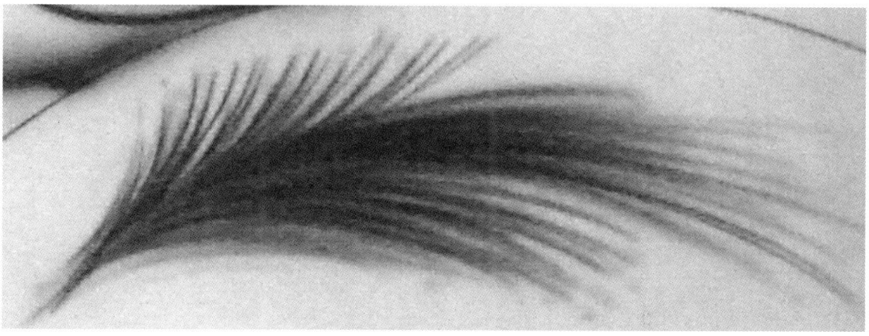

(4) 깃털

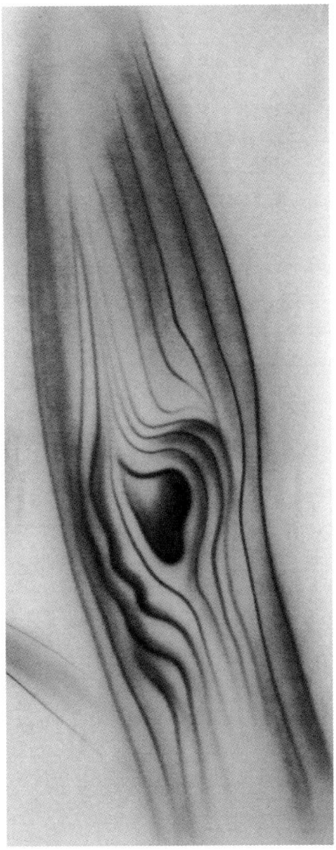

(5) 나뭇결

(6) 표범 무늬

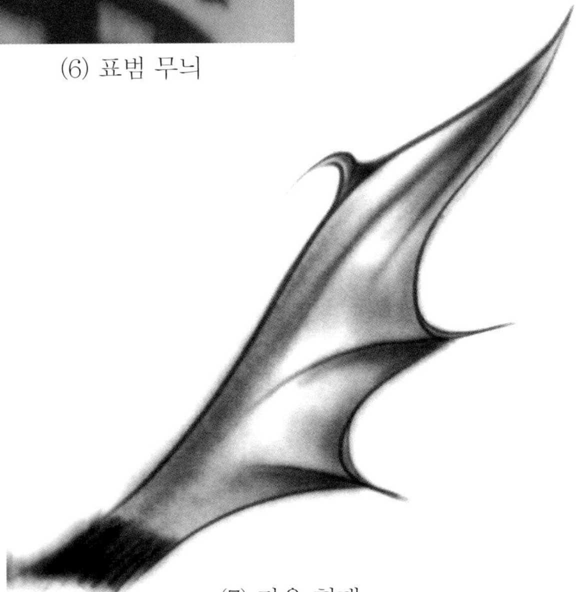

(7) 자유 형태

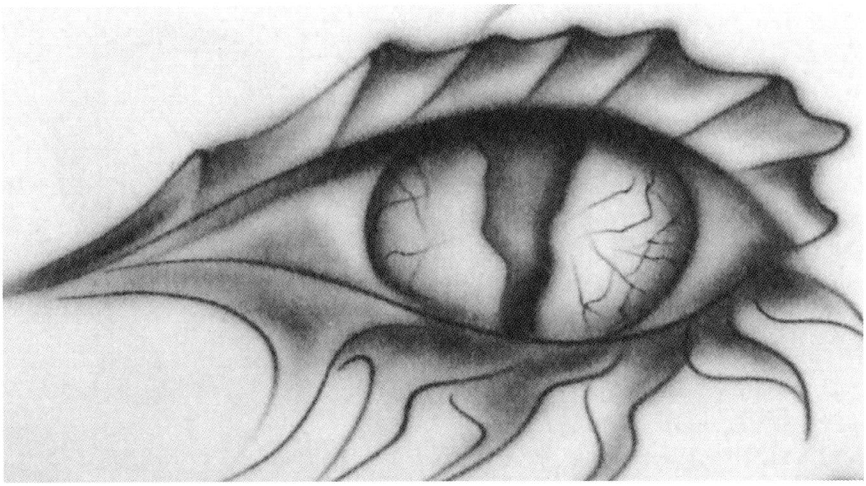

(8) 동물 눈

3. 메이크업 패턴지 연습

메이크업 패턴지는 디자인을 표현하기 편리하도록 메이크업 디자인을 위한 밑그림을 미리 인쇄해 두고 만들어진 밑그림 위에 일러스트레이션을 하는 것이다.

1) 얼굴 메이크업 패턴지

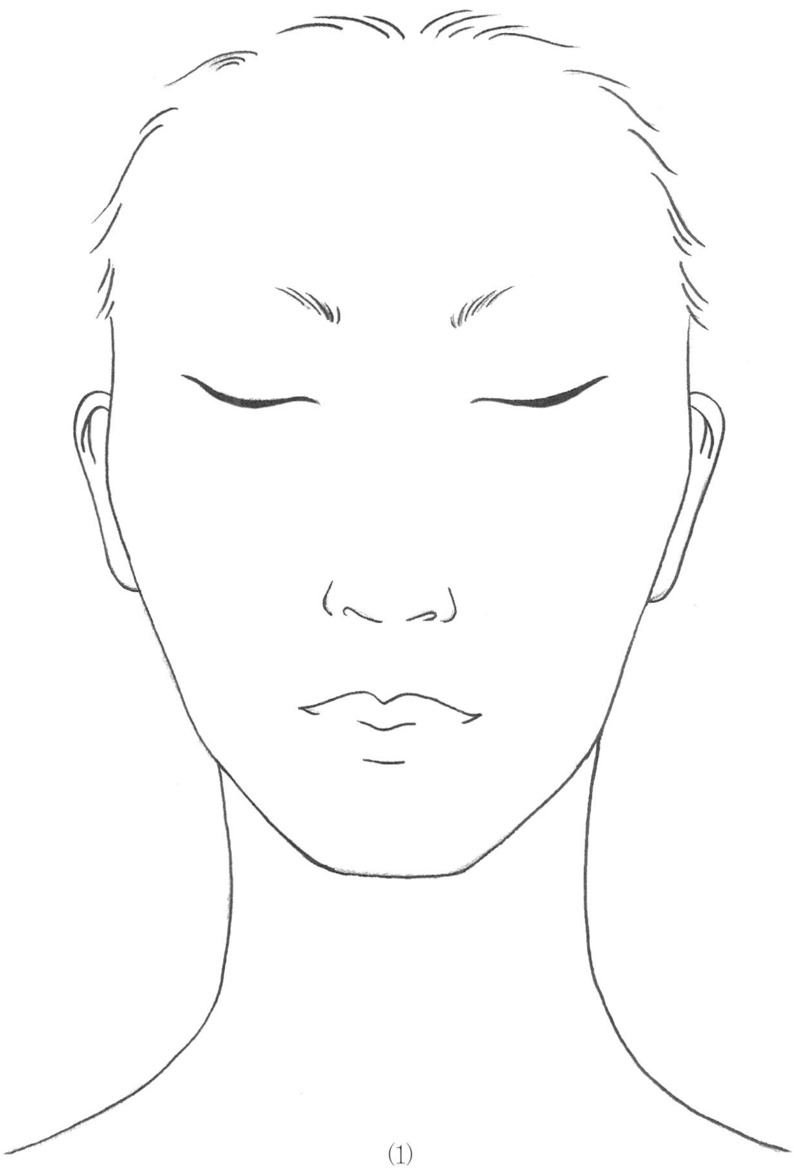

(1)

(2)

2) 판타지 메이크업 패턴지

(1) 앞면

(2) 뒷면

3) 보디 페인팅 메이크업 패턴지

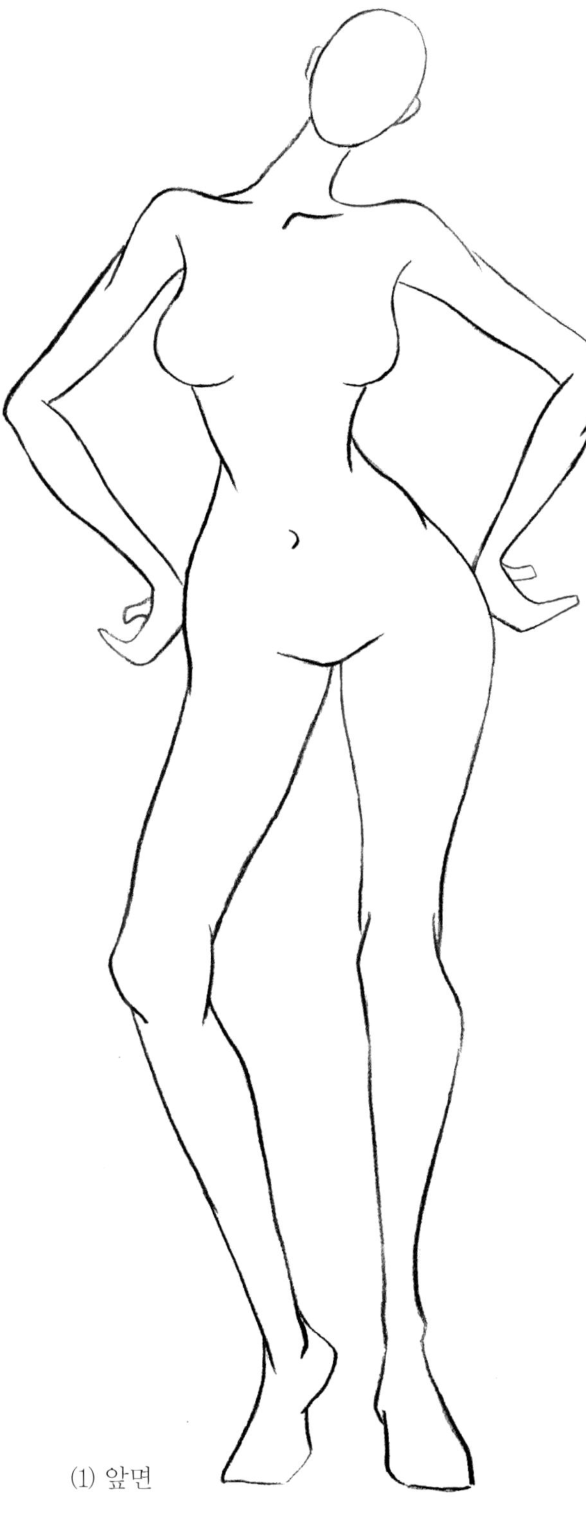

(1) 앞면

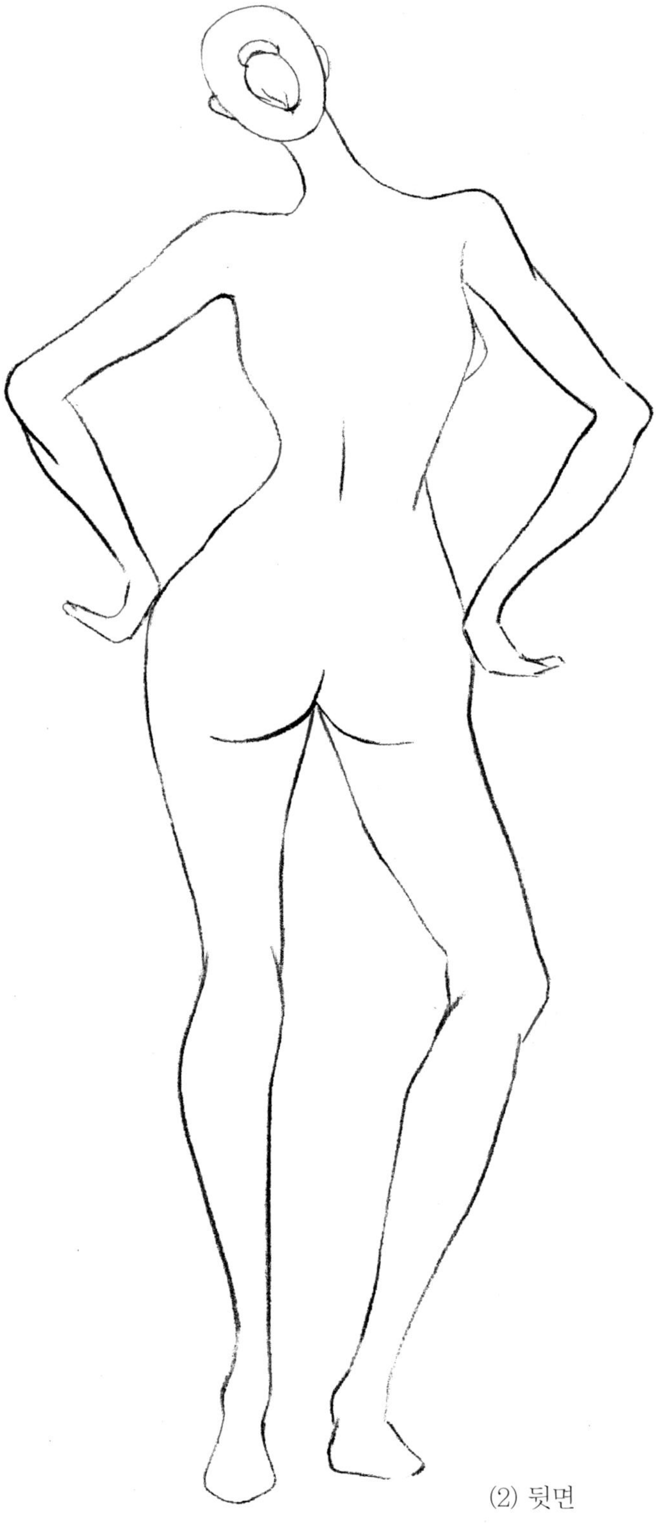

(2) 뒷면

CHAPTER 6

뷰티 디자인

BEAUTY ILLUSTRATION

삶의 질이 향상됨에 따라 개개인이 단정하고 정리된 외모를 추구할 뿐만 아니라 개인의 수려한 인상과 이미지가 자신의 경쟁력을 높여주는 사회가 되었다. 이에 따라 뷰티산업이 발전되었으며 미용 기능에만 의존하던 기능 기반 '미용 산업' 이 신지식 기반 고부가가치를 창조하는 '뷰티 산업' 으로 거듭나게 되었다. 이에 따라 개개인의 인체를 보다 아름답게 관리하고 계획적으로 단장해 주기 위한 뷰티 작업의 계획단계인 뷰티 디자인에 대한 이해가 필요하게 되었다.

인체를 하나의 움직이는 오브제로 가정해 보자. 그러면 인체는 항상 생성과 소비가 진행되는 진행형 오브제, 그리고 고귀한 생명력을 담고 있는 움직이는 오브제가 될 것이다. 이러한 움직이는 시각적 생명체를 조심스럽게 디자인[9)]해야 한다고 가정하였을 경우, 인체의 시각적 아름다움을 유도하는 계획을 '뷰티 디자인' 이라 할 수 있다. 그리고 그 계획에 요구되는 요소와 원리를 뷰티 디자인의 요소, 뷰티 디자인의 원리라고 할 수 있을 것이다.

9) 디자인 : 특정의 목적에 부합되게 예술적 감성을 녹여낸 감각적 상상력을 바탕으로 과학적인 방법으로 계획하고, 기획하고, 연출하는 것이다.

1. 뷰티 디자인의 요소

인체의 시각적인 아름다움을 위해 계획하고 시술하는 것, 혹은 특정 목적을 위한 인물 묘사나 캐릭터 형성을 위해 인체의 외형이 변화되게 보이게 하는 것을 뷰티 디자인이라 할 수 있다. 이와 같이 뷰티 디자인에 있어서 인체 외형의 변화를 위한 시각적 요소들을 뷰티 디자인의 요소라 한다. 뷰티 디자인의 요소로써는 점, 선, 면, 입체, 질감, 색채이다.

1) 점

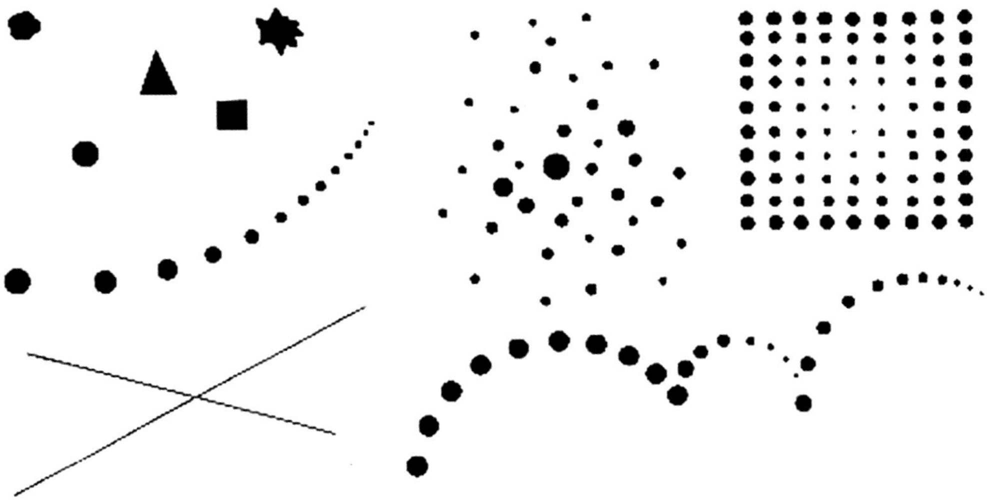

■ 점을 이용한 뷰티 디자인

뷰티 디자인에 있어서 점은 그 자체로서도 강한 시각적 소구력을 유도하지만 점의 구루핑 현상으로 효과를 줄 수 있으며, 점의 연결된 이동과 움직임이 선보다 더 강한 시각적 효과를 주기도 한다.

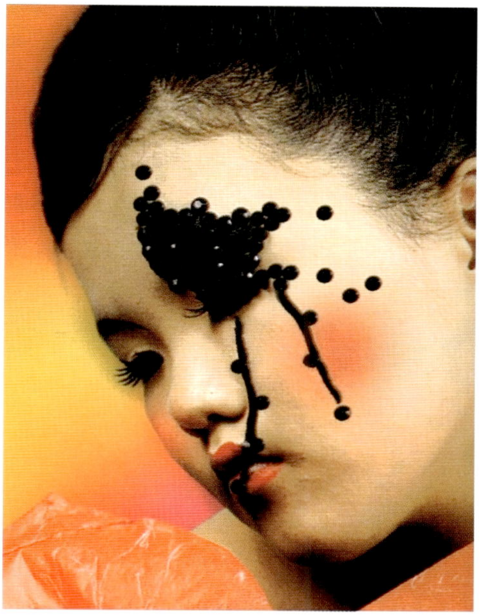

2) 선

뷰티 디자인에 있어서 선은 선의 흐름을 이용하여 인체의 이미지를 착시시켜 시각적 자극 효과를 유도하거나, 선의 흐름을 이용하여 아름다움이 배가 되게 하는 효과를 연출할 수 있다. 특히 헤어디자인에 있어서 선의 활용은 유용하다.

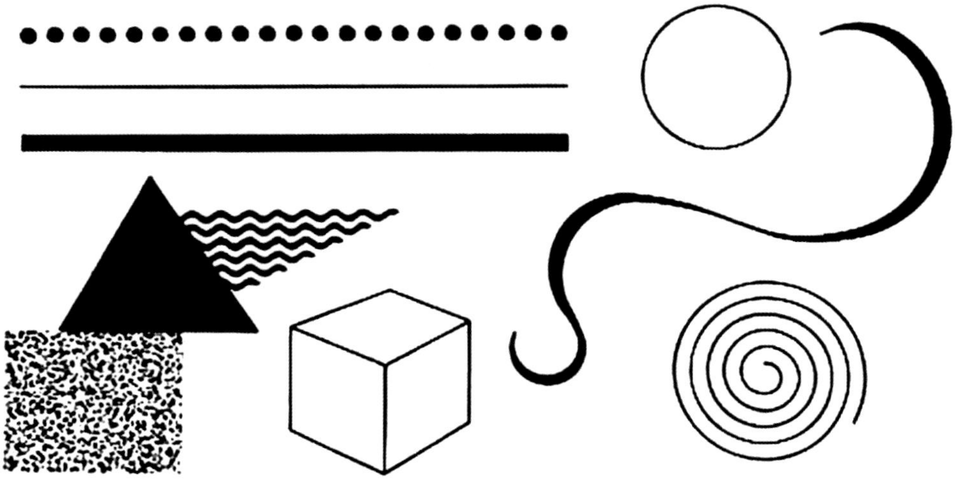

■ 선을 이용한 뷰티 디자인

3) 면

뷰티 디자인에 있어서 면의 활용은 피에로 분장의 눈가, 입 주변 메이크업이나 보디 페인팅의 면적이 넓은 신체 부위를 디자인할 때 많이 활용된다.

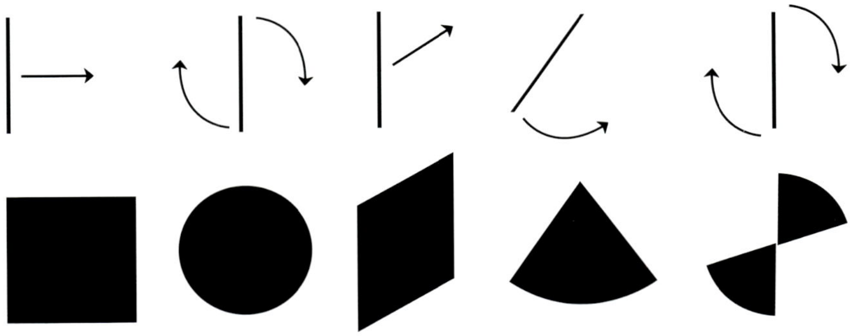

■ 면을 이용한 뷰티 디자인

4) 입체

뷰티 디자인에 있어서 입체적 요소는 입체적 인체 위에 또 다른 3차원 이미지를 부가함으로써 초현실적 느낌을 유도하기에 유용하다.

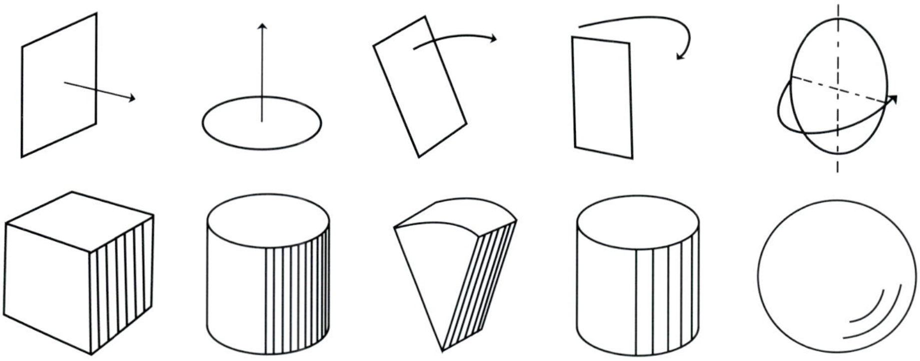

■ 입체를 이용한 뷰티 디자인

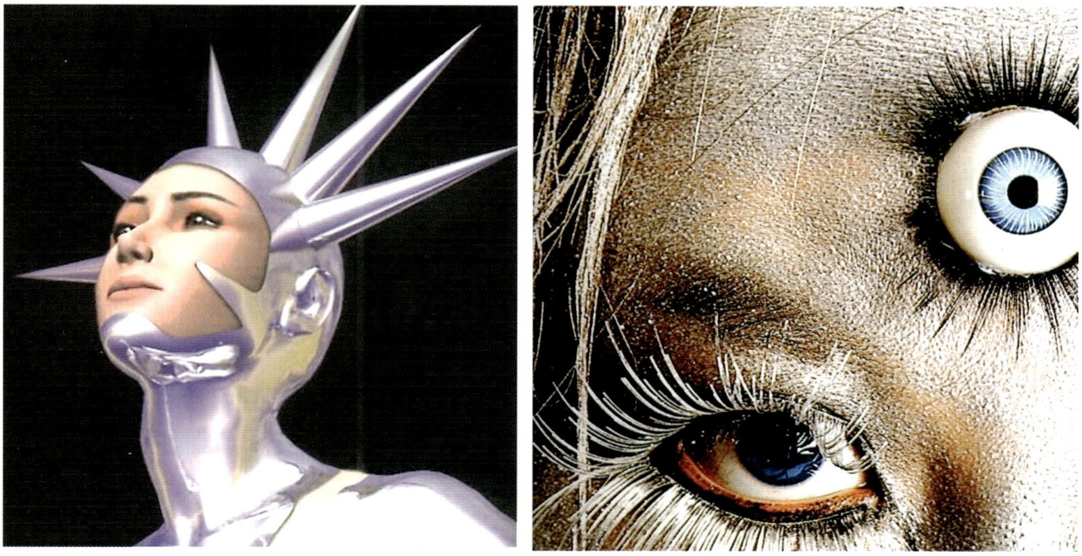

5) 질감

뷰티 디자인에 있어서 질감의 표현은 그 무엇보다 중요하다. 인체라는 매체가 이미 여러 가지 도형과 기본적으로 인식된 이미지가 확고하기 때문에 뷰티디자이너는 질감 표현으로 그 개성을 충분히 연출할 수 있는 중요한 요소이다.

■ 질감을 이용한 뷰티 디자인

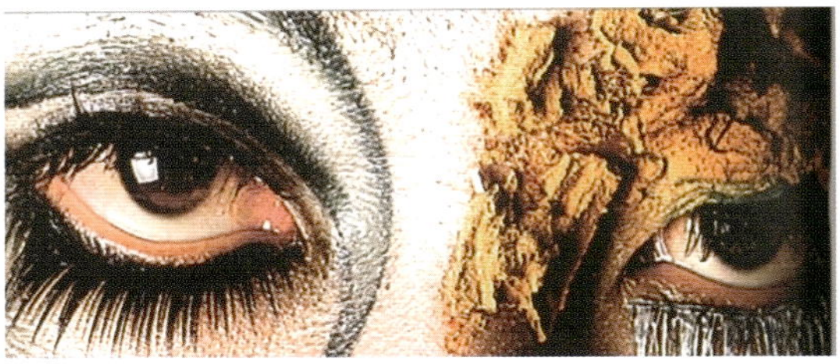

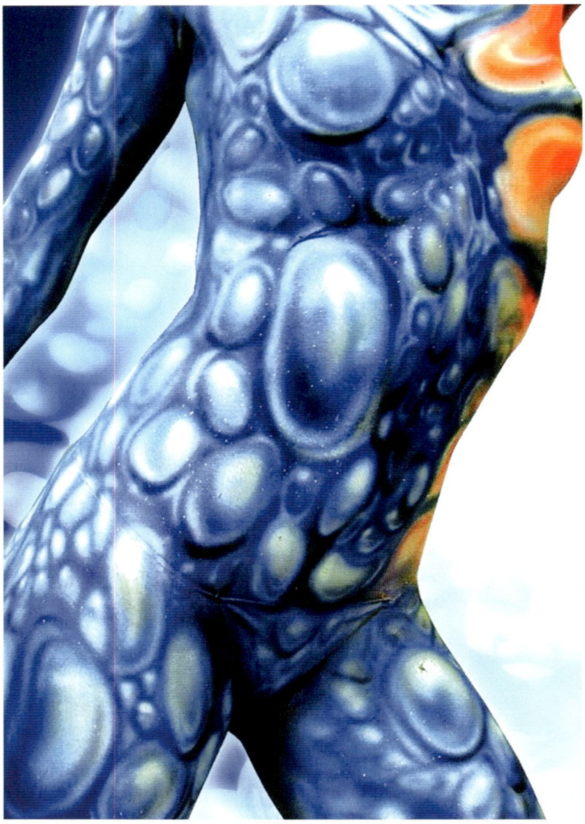

6) 색채

뷰티 디자인에 있어서 색채는 가장 중요하다. 색채는 뷰티디자이너의 감성과 분위기, 그리고 감정을 표현할 수 있다. 뷰티 디자인에 많이 활용되는 색은 ton(색조)의 색이다. 인체의 시각적 변화를 가장 효과적으로 표현할 수 있는 요소이다.

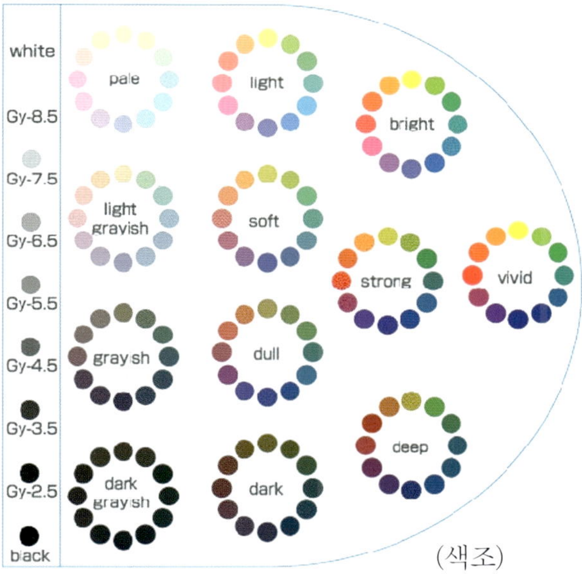

(색조)

■ 색채를 이용한 뷰티 디자인

2. 뷰티 디자인의 원리

1) 통일(Unity)

통일은 모든 미의 형식상 근본이 되는 것으로써 선이나 색채, 형체 등의 조형 요소들이 안정되고 정연한 느낌을 주면 통일의 상태라고 할 수 있다.

통일이 지나치면 단조로운 느낌을 줄 수 있다.

2) 조화(Harmony)

조화란 디자인에 있어서 두 개 이상의 요소 또는 단위 상호 간에 거부감없이 호응성을 주어 하나의 공감을 일으킬 수 있으면 하모니(harmony)가 나타나는데, 이들 요소 간의 관련성은 서로 간에 영향을 주어 아름다운 조화를 창조하게 되는 것이다.

3) 균형(Balance)

임의의 형태에 있어서 부분과 부분 사이에 시각상의 힘과 무게감의 어울림이 있으면 상쾌한 감정의 형태감을 주는데, 이것을 균형이라 한다.

(1) 대칭의 균형(Symmtry)

중심된 점이나 선을 기준으로 상하 또는 좌우 등이 같은 형태, 같은 양감 등이 배치될 때 대칭의 균형을 이룬다.

(2) 비대칭의 균형(Asymmetry)

형태 자체는 불균형(Unbalance)이지만 시각적 힘의 통합에 의하여 밸런스가 취해져서 보는 사람에게 동적인 안정감과 변화와 개성적인 형태 감각을 준다.

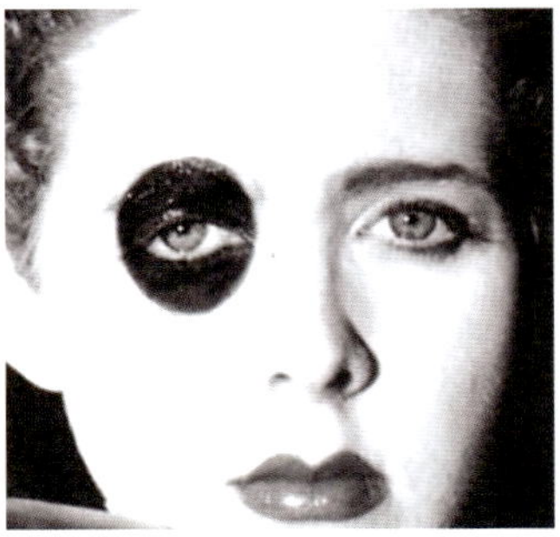

(3) 비례(Proportion)

부분과 부분 또는 부분과 전체 사이에 좋은 비례를 가지는 구성은 좋은 균형 감각을 준다. 아름다운 비례는 필연적으로 안정된 균형을 유지한다.

4) 율동(Rhythm)

율동은 뷰티 디자인 요소들 간의 시각적인 상호관계에 의하여 강한 힘과 약한 힘이 규칙적으로 생겨나는 움직임, 즉 시각적인 움직임의 형식이다. 이러한 움직임은 강조, 점이, 반복의 형태로 나타난다.

5) 착시(Optical Illusion)

눈의 생리적 작용과 시각적 인지의 심리적 작용에 의하여 도형이나 색채에 대한 착오 현상을 착시라 한다. 이러한 시각적 착오 현상은 창조적 작업에 즐거움과 신선한 충격, 혹은 유희감을 주기도 한다. 시지각 원리인 접근, 동등, 폐쇄, 간결에 의한 착시 현상이 나타나며, 바탕과 도형의 관계에 의하여서도 착시 현상이 유도된다.

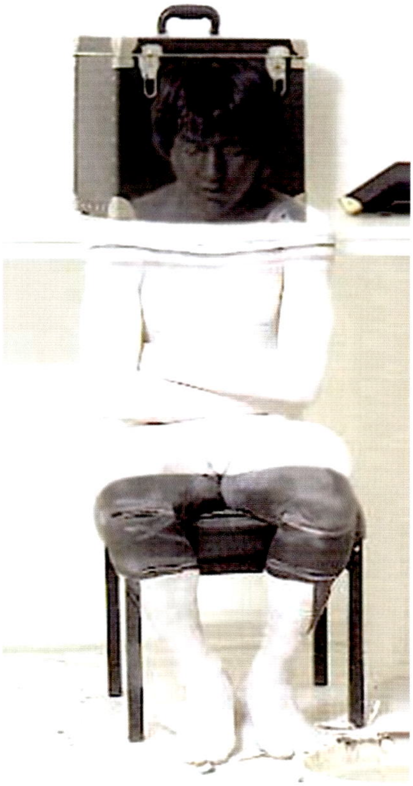

3. 얼굴도형과 디자인

뷰티 디자인에 있어서 인체를 아름답게 디자인하기 위해서는 인체를 도형의 기본 형태에 근거하여 지각하고 인식하는 관찰 연습이 필요하다. 인체의 전체와 특히 디자인해야 하는 특정 부위를 단숨에 스캔하듯이 인체의 형태를 파악하는 것이 아주 중요하다.

얼굴은 일반적으로 7가지의 도형으로 분류한다. 다음의 그림은 얼굴을 기본 도형과 비교하여 헤어 스케치와 메이크업 일러스트레이션 작업에 고려되어야 할 점이다.

헤어 스케치에 있어서는 얼굴의 형태에 따른 톱(Top)과 사이드(Side)의 볼륨(Volume)을 언급하였으며, 메이크업 일러스트레이션에 있어서는 하이라이트(Highlighter), 블러셔(Blusher), 셰이더(Shader)만 업급하였다.

1) 타원형(Oval type)

	얼굴 도형과 헤어, 메이크업	얼굴형
가장 이상적인 얼굴형으로써 다른 얼굴형을 교정하는 기준이 된다. 어떠한 헤어디자인과 메이크업도 무난하다.	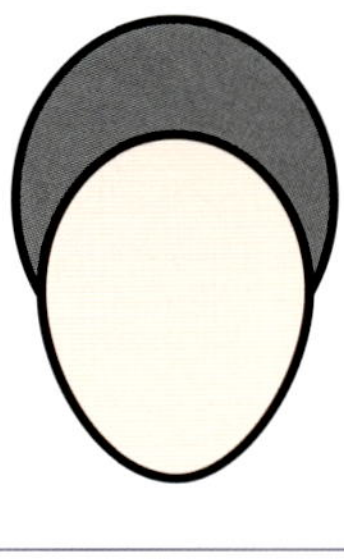	

2) 원형(Round type)

	얼굴 도형과 헤어, 메이크업	얼굴형
정수리 부분을 높이는 볼륨을 주어 전체적으로 수직형 타원형의 실루엣을 연출한다. 시선을 정수리 부분으로 모아주면서 얼굴이 길어 보이게 한다.		

3) 역삼각형(Heart type)

	얼굴 도형과 헤어, 메이크업	얼굴형
삼각형 형태의 헤어라인을 둥글 얼굴의 뾰족한 아래턱으로 향한 시선을 차단하여 부드럽게 연출하여 부드러운 이미지로 보완한다.		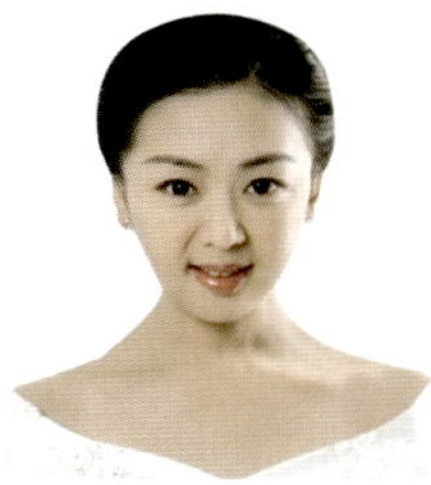

4) 삼각형(Pear type)

	얼굴 도형과 헤어, 메이크업	얼굴형
역삼각형 형태의 헤어 실루엣을 연출해 줌으로써 헤어의 양쪽 상부로 시선을 유도하여 얼굴의 하반부의 무게감을 완화시켜 줌으로써 사각턱이 다소 약하게 보이도록 한다.		

5) 긴형(Oblong type)

	얼굴 도형과 헤어, 메이크업	얼굴형
얼굴형 가늘고 긴 수직형 얼굴에는 수평 타원형의 헤어 실루엣을 시선을 차단하여 긴 얼굴을 연출하여 아래로 향하는 보완한다.		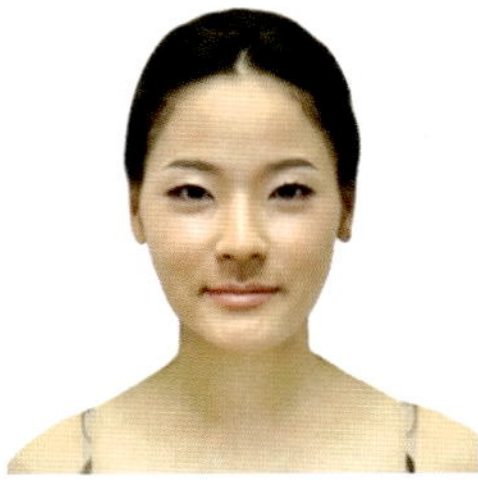

5) 사각형(Square type)

	얼굴 도형과 헤어, 메이크업	얼굴형
개성미 강한 둥근 형태의 볼륨감 있는 실루엣을 한 사각 얼굴에는 시선을 양쪽 상반부에 모아 얼굴의 사각턱 부분을 보완하여 준다.		

6) 마름모형(Dimond type)

	얼굴 도형과 헤어, 메이크업	얼굴형
마름모 얼굴에는 양쪽 광대뼈를 잇는 둥근 실루엣을 크게 해서 얼굴의 양쪽 각을 보완하여 얼굴이 작게, 길게 보이게 한다.	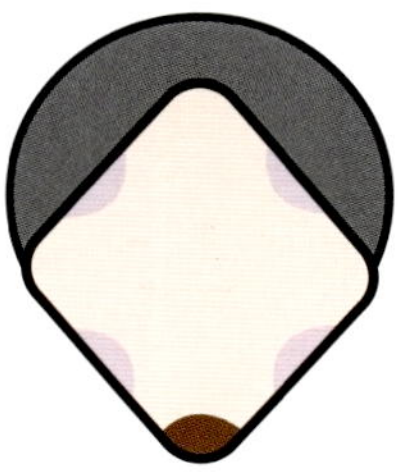	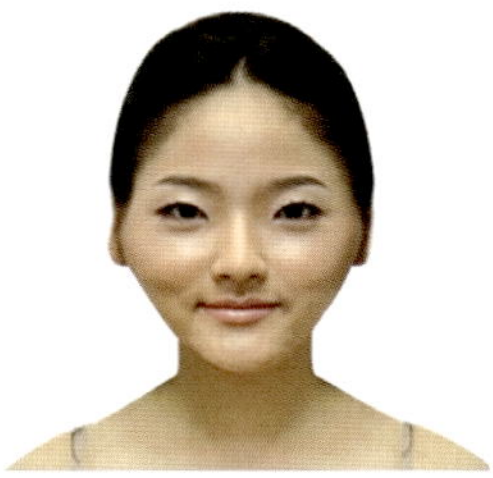

CHAPTER 7

디지털 뷰티 일러스트레이션

BEAUTY ILLUSTRATION

1. 하드웨어 구성

일반적으로 뷰티 디자인을 위한 CAD 시스템은 아래 그림과 같이 뷰티 디자인을 위한 입력 스테이션, 데이터 처리 스테이션, 데이터의 출력 스테이션으로 구성된다.

입력 기기	데이터 처리	출력
		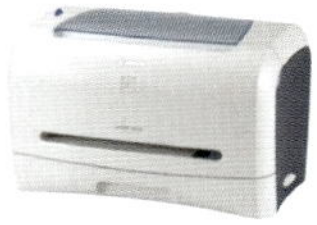

		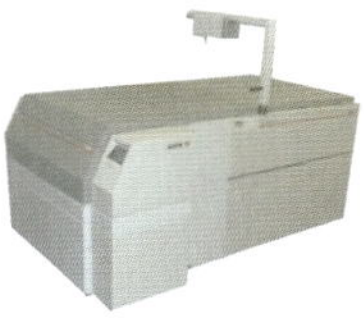

1) 입력 스테이션

(1) 스캐너(Scanner) : 사진, 필름, 인쇄물, 디자인, 스케치 등의 평면적인 이미지를 컴퓨터로 입력시키는 장치이다. 아날로그 방식의 이미지는 반드시 스캐닝시켜야 디지털 이미지로 변한다. 슬라이드 필름을 읽는 필름 스캐너, 스캐너 내부의 드럼이 회전하면서 스캐닝하는 드럼 스캐너도 있다.

(2) CD(Compact Disc) : 일반적으로 Photo CD를 의미하나 이미 작업된 뷰티 이미지들을 수록한 CD 타이틀과 각종 영역별 참고가 되는 CD 타이틀들을 뷰티 디자인을 위한 원천 디자인으로 사용할 수 있다.

(3) 디지털 카메라(Digital Camera) : 이미지를 읽기 위해 스캐너는 한 줄 또는 여러 줄로 배열된 CCD가 이미지를 읽어 스캔하지만 디지털 카메라는 전체 이미지를 한 번에 인식한다. 해상도는 켑처할 수 있는 이미지의 가로 픽셀과 세로 픽셀의 곱으로 나타내어 40만 픽셀, 100만 픽셀 등으로 표기한다.

(4) 온라인 서비스(On Line Service) : 온라인 서비스를 통하여 받은 데이터들은 비교적 해상도가 낮아 그대로 쓰기는 어렵다. 전문적인 데이터일수록 유료 사이트로서 많은 이미지들이 저작권으로 보호되어 있다.

(5) 태블릿(Tablet) : 디지털 아티스트들이나 뷰티 일러스트레이터, 혹은 디자이너들이 마우스보다 태블릿과 스타일러스 펜을 선호한다. 압력이 감지되어 브러시의 터치와 수채화적인 느낌을 표현할 때는 유용하다. 마우스는 데스크상의 어떤 위치에서든지 작업이 실행되지만 태블릿상에서는 화면의 위치와 태블릿의 위치가 동일하게 작업된다. 제작회사의 이름에 따라 와콤펜, 켈콤펜이라고 부르기도 한다.

2) 데이터 처리 스테이션

입력장치에서 입력된 이미지는 컴퓨터의 CPU와 메모리를 이용하여 처리되어 저장 매체에 저장된다.

(1) CPU(Central Processing Unit) : 소프트웨어의 명령어가 처리되는 가장 중요한 부분이다. CPU는 프로세서(Procrssor)라고도 한다. PC급에서는 인텔 계열(IBM 계열호환)과 모토롤라 계열(매킨토시 호환)의 CPU가 가장 많이 사용되고 있다. PC 쪽에서 가장 많이 사용되는 프로세서는 펜티엄과 펜티엄 프로 칩이다. 맥의 경우에는 프로세서의 이름보다는 파워맥 G3, 파워맥 G4 등의 모델명을 사용하지만, 윈도우즈 기종은 펜티엄Ⅲ 866MHZ, 펜티엄Ⅳ 2.4GHZ 등과 같이 프로세서 명과 클록 스피드로 나타낸다. CPU는 수정(Quartz) 진동장치로 제어되는 명령어 실행 사이클을 바탕으로 동작한다.

클록스피드란 이 쿼츠의 진동수를 말하며 단위는 MHz로 표시된다. MHz의 수가 높을수록 단위 시간당 많은 명령어를 수행한다는 뜻이므로 컴퓨터의 처리 속도를 나타내는 지표가 된다. 디지털 뷰티 디자인을 위해서는 최소한 펜티엄급 이상의 프로세서를 사용하여야 한다.

(2) RAM(Random Access Memory) : 컴퓨터의 CPU에서 사용할 데이터가 잠시 저장되어 있는 곳으로서 '메모리'라고 한다. 프로그램을 실행하거나 데이터를 읽을 때 하드디스크에서 작동 하는것 보다 빠르기 때문에 먼저 RAM으로 불러들이게 된다. 그러므로 컴퓨터가 빠르게 작동하려면 충분한 RAM이 확보되어야 한다. 특히 디자인 전문 소프트웨어들의 사용에는 많은 메모리의 양을 요구한다. 그러므로 디지털 뷰티 디자인을 위해서는 최소 128MB RAM 이상이어야 한다.

(3) 하드디스크 : 컴퓨터에 기본 내장되어 있는 내장 하드와 데이터의 안전한 저장과 보관, 이동을 위한 외장 하드로 구분된다.
뷰티 디자인을 위해서는 최소 20GB 이상이어야 한다.

(4) CD-ROM(Read Only Memory) 드라이브 : 컴퓨터에 기본 내장되어 있으며 데이터를 읽을 수만 있는 장비이다. CD-ROM 드라이브의 속도는 데이터 전송률을 나타내는 2배속, 4배속, 8배속 등으로 나타낸다.

(5) USB 드라이브 : 가장 많이 사용되는 이동식 외장이다. 간편하며 용이하다.

(6) CD-Writer : 컴퓨터에 내장하는 경우와 외장하는 경우가 있다. 많은 데이

터를 CD에 저장할 수 있고, 이미 제작된 CD를 복사할 수 있다. 장당 700MB의 용량을 저장할 수 있다.

3) 출력 스테이션

데이터 처리된 뷰티 디자인 이미지들은 우선 모니터상을 통하여 출력되어 시각적으로 보이게 된다. 뷰티 디자인 프리젠테이션 방법에 따라 종이에 인쇄하기도 하고, 고급 인화지나 다양한 질감과 디자인의 조화를 직접 볼 수 있는 실사출력을 할 수도 있다.

(1) 모니터(Monitor) : 모니터는 컴퓨터상에서 작업이 처리되는 동안 사용자가 정보를 볼 수 있도록 하는 1차적인 출력장치이다.

① 모니터의 크기는 액정판의 대각선 길이를 인치로 나타낸다.

② 모니터의 해상도는 한 화면에 얼마나 많은 픽셀을 표시할 수 있는가로 결정된다. 일반적으로 DPI가 높을수록 정교하고 조밀한 이미지를 나타낸다.

③ LCD 모니터는 액정이라는 소자를 사용한 평판형 모니터이다.

(2) 프린터 : 움직이는 프린터의 헤드로부터 종이 위에 잉크를 분사시켜 이미지를 출력한다. 잉크젯 프린터, 레이저 프린트 등이 있으며, 기타 인쇄 장치로서 플로트(Plotter)가 있다.

2. 디지털 뷰티 디자인(Digital Beauty Design) 개요

1) 소프트웨어

뷰티 디자인을 컴퓨터로 작업하기 위한 소프트웨어는 기본적으로는 모든 그래픽 프로그램들이 포함된다.

- 2D 그래픽 소프트웨어 : Photoshop, Illustrator, Painter.
- 3D 그래픽 소프트웨어 : 3DMax
- 뷰티 디자인 전문 소프트웨어 : (주)이시스테크의 Makeup Simulator가 있으나 현실적으로 대중적으로 상용화하기에는 보완되어야 할 문제점들이 있다.

2) 컬러(Color)

색이란 사실 실제로 어떤 물체에 존재하는 것이 아니라 우리의 시신경을 통해 들어온 빛이 인간의 두뇌에서 색상으로 지각되는 현상이다. 그러므로 컬러에 있어서의 어떤 기준적 표준은 과학적이고 정량적인 데이터를 얻기 위한 색상의 모형이라 할 수 있다. 컬러 모드, 컬러 공간, 색상 모형, 색상 모드 등으로 씌여 지기도 한다. 컴퓨터상의 색상 모형들은 다음과 같다.

(1) RGB (가산혼합)

Red, Green, Blue 빛의 컬러를 3원색으로 한다. 이 빛의 컬러들을 다양한 비율로 섞게 되면 무한한 컬러를 만들어 낼 수 있다. 빛이 전혀 없으면 검정이고, 기본 3색에 빛을 더하는 방식으로 컬러를 만들어 간다는 의미로써 가산혼합이라고 하고 빛의 3원색이라고도 한다. 빛을 이용한 출력기들이 색상을 표현할 때 R.G.B 색상 모형을 따른다. TV, 컬러 모니터, 프로젝트, 스캐닝 과정, 필름출력 과정 등에 적용되는 컬러이다.

(2) CMYK(감산혼합)

Cyan, Magenta, Yellow, Black을 기본색으로 한다. 종이 위에 출력되는 컬러는 위의 RGB 컬러로써 설명할 수 없다. 인쇄에 있어서 빛의 3원색으로 만들어지는 2차색인 Cyan, Magenta, Yellow로써 모든 색을 표현할 수 있어야 하지만, 실제로 인쇄상에서는 완벽한 Black이 표현되지 않기 때문에 Black인(K)를 추가하여 CMYK 모형이 된 것이다.

Cyan, Magenta, Yellow부터 색을 빼내거나 흡수하는 방식으로 다양한 컬러를 만든다고 하여 감산컬러라고 하며 색의 3원색 이라고도 한다. 모든 인쇄에 적용되는 컬러이다.

(3) 흑백(Bitmap)

비트맵은 색상 모형이라기보다는 컴퓨터에서 이미지를 표현하는 방식의 하나이다. 비트맵은 이미지를 2진 비트의 행렬로 표현한다. 즉 하양(0), 검정(1)의 두 색상을 이용하여 이미지를 표현하는 것으로써 신문이나 흑백 간행물에서 볼 수 있는 이미지들과 레이져 프린트 등에서 이미지를 표현하는 방식이다. 색상은 표현할 수 없고 검정 부분의 밀도 변화에 의해 회색 음영(Gray scale)을 흉내낼 수 있을 뿐이다.

(4) 회색 음영(Gray scale)

검정과 흰색, 그리고 그 사이의 회색 명암으로 구성된 모형이다. 색상 표현은 할 수 없고 회색 단계의 정밀도에 따라 16, 32, 64, 256 단계의 흑백명암을 표현할 수 있다. 256 단계의 회색 이미지는 인화된 흑백사진 정도로 보이는 이미지이다. 컴퓨터에서 그레이스케일 모드의 이미지를 구성하는 픽셀들은 각각 0(순검정)에서 255(순흰색) 까지의 밝기를 갖는다.

(5) 컬러매칭

인쇄나 출력 과정에서 사용되는 컬러는 특정 색상 모형을 바탕으로 정의된 것이 아니고 실제 인쇄할 수 있는 색상들을 모아놓은 것이므로 컬러매칭 시스템이라 한다. 컬러매칭 시스템을 출력 색상 세트라고도 하며, 인쇄에 사용되는 잉크 색상을 규격화하고 출력 과정을 위한 색상의 정의를 돕기 위해 사용된다. 색상은 잉크 출력 방식에 따라 스폿 컬러와 프로세스 컬러로 나눌 수 있다. 스폿 컬러는 색상에 해당하는 바로 같은 색의 잉크를 사용하여 출력하는 방법이며, 프로세스 컬러는 사이언, 마젠타, 옐로, 블랙의 혼합으로 해당 색을 출력한다. 스폿 컬러는 보통 펜톤 매칭 시스템의 번호로 표시된다.

PENTONE COLOR SYSTEM

3) 픽셀(Pixel)

모니터를 통하여 볼 수 있는 이미지는 실제로 픽셀이라고 하는 아주 작은 사각형의 점들로써 이루어진 것이다. 실제로 컴퓨터 그래픽은 픽셀로부터 시작이 된다. 픽셀이란 picture와 element 두 단어의 첫음절을 딴 합성어로서 디지털 이미지의 최소 단위를 의미한다. 픽셀은 픽셀 단위, 좌표, 픽셀 해상도의 세 가지 요소를 가진다.

(1) 픽셀 단위

픽셀은 더 작게 나누어 질 수 없는 최소 단위인 종횡비로 표시된다. 종횡비란 사각형의 가로의 길이를 세로의 길이로 나눈 비율을 말한다. 동일 기종의 컴퓨터에서는 모든 픽셀의 종횡비는 같다. 대부분의 컴퓨터에서 사용되는 종횡비는 1 : 1, 즉 정사각형의 픽셀을 기본으로 한다. 픽셀이 직사각형, 삼각형인 이미지인 경우도 간혹 있어 이러한 경우는 이미지의 종횡 비율을 조정하여 불러와야 한다.

(2) 좌표

픽셀은 X, Y축의 좌표계 위의 한 점으로 표시할 수 있다. 이 픽셀의 좌표계를 비트맵이라고 하며, 비트맵상에 표현된 픽셀들의 집합을 비트맵 이미지라고 한다. 모니터상에서의 이미지 표현은 비트맵 위에 픽셀을 한 줄씩 주사하는 방식을 사용하므로 비트맵 이미지를 래스터 이미지라고도 한다.

(3) 픽셀 해상도

하나의 픽셀이 몇 비트로 표현되는가에 따라 픽셀 해상도가 결정된다. 이를 비트 해상도 또는 색상 깊이(Color depth)라고 한다. 1비트의 픽셀은 2가지의 색상, 즉 흰색과 검정색 중 한 가지만 표현할 수 있으며, 2비트 픽셀은 2×2 즉 4가지 색상 중 한 가지를 표현할 수 있다. 여기서 4가지란 정해진 색상을 의미하는 것이 아니라 표현할 수 있는 색상의 가짓수를 의미하는 것이다. 8비트 그래픽 보드, 24비트 그래픽 보드라고 부를 때의 숫자는 픽셀 해상도를 의미한다.

4) 해상도(Resolution)

이미지 하나를 표현하는데 사용되는 기본 단위를 구성하는 픽셀의 개수를 해상도라고 한다. 이미지의 해상도가 높을수록, 즉 픽셀의 개수가 많을수록 이미지의 더 자세한 부분까지 표현할 수 있다. 해상도의 개념은 비트 해상도, 이미지 해상도, 출력기 해상도로 나누어 이해할 필요가 있다.

(1) 비트 해상도(Color depth)

각 픽셀이 표현할 수 있는 색상의 수를 의미하며 비트 단위로 표기한다.

흑백 1비트

그레이스케일 8비트

256 색상 8비트

670만 색상 24비트

(2) 이미지 해상도

하나의 이미지를 구성하는 전체 픽셀의 개수를 의미하며 이미지의 크기를 측정하는 단위로 사용된다. 즉 어떤 파일의 크기가 몇 바이트인가 계산하기 위해서는 1cm당 몇 개의 픽셀로 구성되었고, 픽셀 해상도는 얼마인지 알아야 한다. 그러나 픽셀 단위를 사용할 경우에는 픽셀 해상도만 알면 정확한 파일 크기를 알 수 있다. 예를 들면 200×400픽셀에 24비트의 픽셀 해상도인 파일의 크기는 200×400×3(픽셀 해상도) = 240,000비트, 실제 파일 크기 235KB에 거의 근접한 값을 쉽게 계산할 수 있다. 파일 크기를 계산할 때 픽셀 해상도에 따라 8비트는 1, 16비트는 2, 24비트는 3을 곱한다.

Inch 300pixel
(300 DPI)

1 Inch 72pixel
(72 DPI)

1 Inch 36pixel
(36 DPI)

(3) 출력기 해상도

프린트, 모니터 등의 각 출력기가 출력할 수 있는 정밀도를 의미한다. 고품질의 이미지 출력을 얻기 위해서는 출력기의 해상도가 높아야 하며, 출력기의 해상도에 따라 작업하게 될 이미지의 해상도가 결정된다. 디지털 이미지의 프로세싱 과정에서는 반드시 어떤 출력기로 출력할 것일지 사전에 염두에 두고 작업해야 최상의 결과물을 얻을 수 있다. 이미지 해상도가 출력기 해상도 보다 낮은 경우에는 이미지가 거칠어져 픽셀 입자들이 모자이크처럼 나타나는 현상이 나타나며, 반대로 이미지의 해상도가 출력기의 해상도보다 높은 경우에는 파일 크기만 커지게 되어 디스크 공간과 출력 시간만 낭비되는 경우가 있다. 그러므로 이미지의 해상도와 출력기의 해상도가 적합해야 한다. 예를 들면 텍스타일 제도의 경우에는 이미지 해상도를 필름출력기 해상도에 맞추어 254,508dpi pixel/inch로 한다.

5) 비트맵(Bitmap)과 벡터(Vector)

그래픽 프로그램에 있어서 이미지의 처리 방식이 크게 두 가지로 구분된다. 비트맵(Bitmap)과 벡터(Vector) 방식이다. 두 방식을 서로 비교하며 정리하 면 다음과 같다.

비트맵 방식

백터 방식

6) 이미지 파일 포맷

파일 포맷이란 이미지의 데이터가 저장되는 형식을 말한다. 각 프로그램들은 이 데이터를 근거로 이미지를 그려내게 된다. 프로그램이 새로 나올 때마다 그 프로그램에서 만든 정보를 최상의 상태로 담는 고유의 포맷을 필요로 하기 때문에 파일 포맷의 수는 계속 늘어날 수밖에 없다. 각각의 프로그램들은 고유의 파일 포맷과 외부 프로그램과의 파일 호환을 위한 범용 파일 포맷을 지원하므로 파일 포맷의 수는 헤아릴 수 없이 많다.

파일 포맷도 프로그램처럼 업그레이드되기 때문에 같은 파일 포맷끼리도 서로 호환되지 않을 수도 있다. 디자인에 많이 쓰이는 파일 포맷들을 중심으로 조사하면 다음과 같다.

(1) TGA(Taga)

Taga 또는 줄여서 TGA 포맷이라고 한다. 트루비전사에서 개발한 이미지 파일 포맷으로서 Taga와 Vista 비디오 보드를 사용하는 PC 기종 이미지 애플리케이션의 표준 포맷이다. 주로 PC에서 사용되므로 매킨토시에서 작업한 이미지를 PC 시스템으로 옮길 때 효과적이다. 컬러파일 저장 시 Taga에서 지원하는 16, 24, 32비트의 색상 깊이 중 하나를 선택할 수 있다. 32비트 Taga 파일은 알파 채널 정보를 포함할 수 있다.

(2) JPEG

1980년에 Joint Photographic Experts Group(JPEG)에서 개발한 이미지 파일 포맷으로서 연속적인 톤을 가지고 있는 이미지에 효과적인 압축률이 특징인 파일 포맷이다.

JPEG 포맷은 이미지 파일 압축은 효과적이나 이미지의 정보가 손실되기 때문에 원래의 파일과 똑같은 상태로 되돌릴 수 없다. 이러한 이유로 디자인된 이미지의 완벽한 출력에 디자인 완성도를 결정하는 텍스타일 디자인에서는 이러한 문제를 염두에 두고 사용하는 것이 좋다.

(3) TIFF

엘더스사에서 개발한 이미지파일 포맷으로서 매킨토시와 PC 환경 모두에 광범 위하게 사용되고 있다. EPS 포맷과 같이 페이지 레이아웃 프로그램에서 사용할 목적으로 개발되었다. TIFF 파일은 일러스트레이터나 프리핸드 등의 드로잉 프로그램의 배경 그림으로는 사용할 수 없고 JPEG 압축 방법도 적용할 수 없다. 그러나 알파 채널을 포함, 총 24개의 채널을 가질 수 있다.

(4) PhotoShop

포토샵 포맷은 어도비 포토샵의 고유 포맷이다. 2.0, 2.5, 4.0, 5.0, 5.5, 6.0, 7.0에 이르기까지 계속 업그레이드되어 오고 있다. 압축 알고리즘이 장착되어 있어 저장 과정에서 자동으로 파일을 압축해 주지만 JPEG 포맷 같지는 않다. 이미지의 손상은 전혀 없지만 복잡한 이미지의 경우는 파일의 크기가 거의 줄어들지 않는다.

(5) GIF(Graphics Interchange Format)

미국의 통신 서비스사인 Compuserve사에서 모뎀을 통한 이미지 파일의 업로드 및 다운로드에 사용할 목적으로 개발한 파일 포맷으로서 높은 압축률을 특징으로 한다. 인터넷상에서 많이 쓰이는 포맷이다. 이미지의 손실은 없지만 읽어 들이거나 저장할 때 속도가 느리고 최대 8비트(256) 색상 정보만을 가지는 단점이 있다.

(6) PDF(Portable Document Format)

어도비사의 에크로벳에서 사용되는 포맷이다. 애크로벳이란 어도비사에서 개발한 것으로서 매킨토시, 윈도우즈, 유닉스와 도스 등 운영 시스템에 관계없이 사용할 수 있는 소프트웨어이다. PDF 파일은 포스트스크립트 레벨 2에

기초하여 만든 언어로서 벡터와 비트맵 이미지 모두를 표현할 수 있다.

(7) PNG

웹에서 최상의 비트맵 이미지를 구현하기 위해 월드와이드 웹 협회(World Wide Web Consortium)에서 개발한 포맷으로 온라인상의 표준 이미지 파일 맷인 GIF 포맷의 대안으로 개발되었다. 웹 이미지에 많이 쓰인다.

(8) BMP

IBM PC 호환 기종에 많이 사용하는 파일 포맷이다.

3. 포토샵 활용 뷰티 일러스트레이션 따라 하기

높은 해상도의 디지털 이미지의 출력 기술의 발달과 컴퓨터 주변기기의 발달에 따라 아날로그 이미지의 섬세한 질감까지 출력할 수 있다. 오히려 디지털 이미지의 상상력이 아날로그적 이미지들을 추월하기에 이르렀다. 이즈음 이러한 현실적 변화에 따라 뷰티 일러스트레이션도 디지털 이미지의 활용이 필요된다.

1) 카무플라주(Camouflage) 보디 페인팅 일러스트레이션 따라 하기

카무플라주[10] 보디 페인팅 일러스트레이션의 경우는 인체를 배경 무늬와 동일하게 그려야 하는 특성으로써 컴퓨터 그래픽을 활용하면 배경을 모두 그리지 않아도 되는 장점과 배경의 문양과 인체 위의 문양을 연결하여 그리기 쉽기 때문에 위장의 효과를 쉽게 표현할 수 있다.

(1) 다음의 배경지와 메이크업 패턴 그림을 스캔하여 포토샵 불러온다. 두 그림이 같은 해상도와 이미지 사이즈가 되도록 미리 조정하여 둔다.

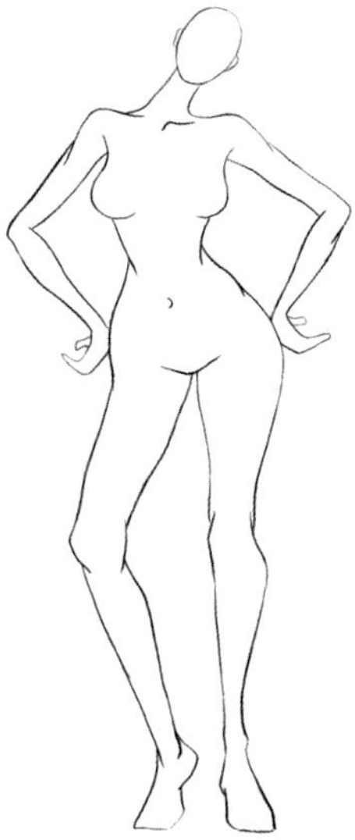

10) 카무플라주(Camouflage) : 위장, 은폐, 속임수, 보호색 등의 의미로서 위장메이크업으로 사용된다.

(2) 패턴지의 먹선이 잘 보이도록 배경색을 Red Color로 '페인트통' 툴을 이용해서 그림과 같이 채운다.

(3) 화면을 '돋보기' 툴로 확대한 다음 바탕의 Red Color를 '마술봉' 툴로 영역 설정을 한다. 그리고 선택/반전(shift+ctl+I)를 하면 먹선 영역이 설정된다.

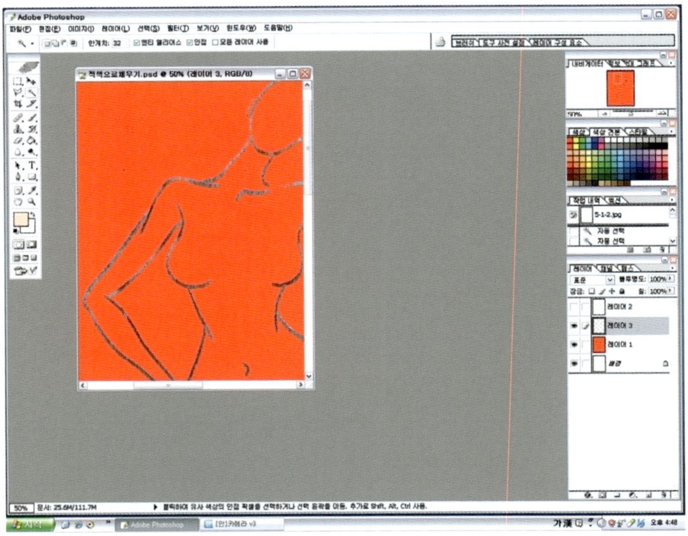

(4) 영역 설정된 먹선을 두껍게 확장하기 위해서 선택/유사 영역 선택, 선택 영역확장을 한다.

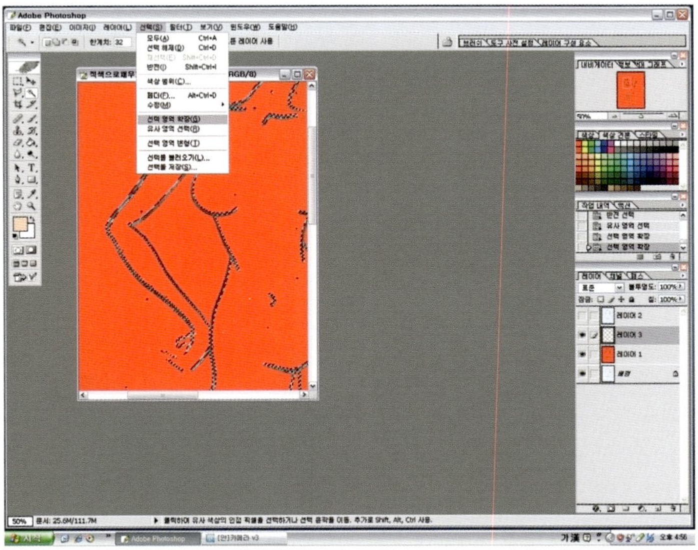

(5) 영역 설정된 먹선을 (ctl+c)한 후 파일/신규로 새로운 파일을 생성한 후 새로운 파일에 커즈를 올린 후 (ctl+v)하면 그림과 같이 패턴지가 만들어 진다.

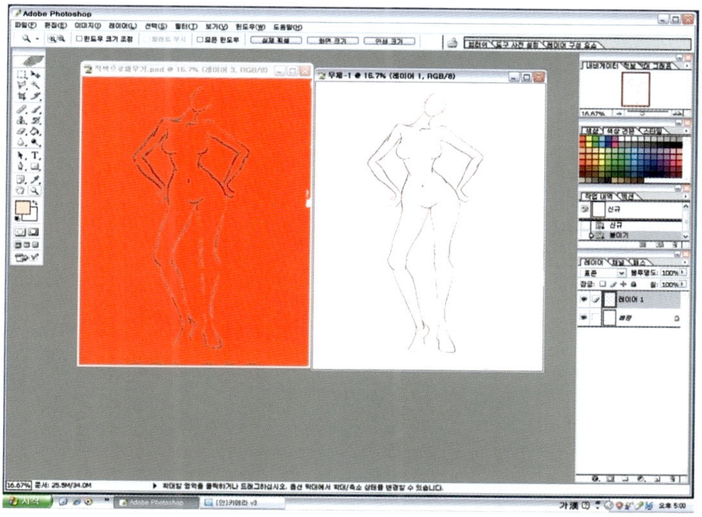

(6) 만일의 경우를 대비해서 새로운 레이어를 복사해 둔다. 그리고 '올가미' 툴로 먹선을 따라 전체 이미지의 외곽선을 영역설정한다.

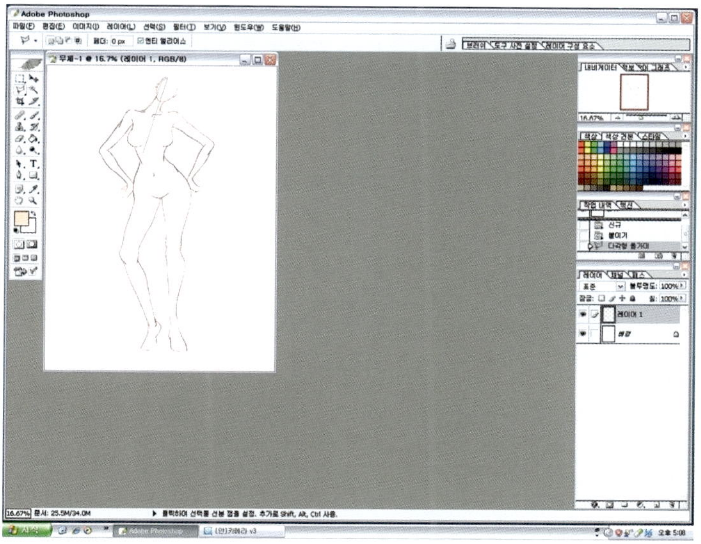

(7) color 팔레트에서 그림과 같이 색상을 선택한 후 바디에 '페인트통' 툴로 채운다.

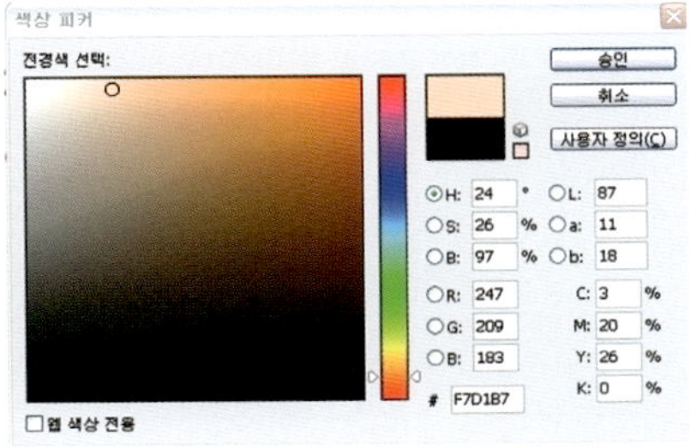

(8) 패턴지 파일을 다시 (ctl+c), (ctl+v)한 후 '이동' 툴로 배경지로 채색된 보디를 옮긴다.

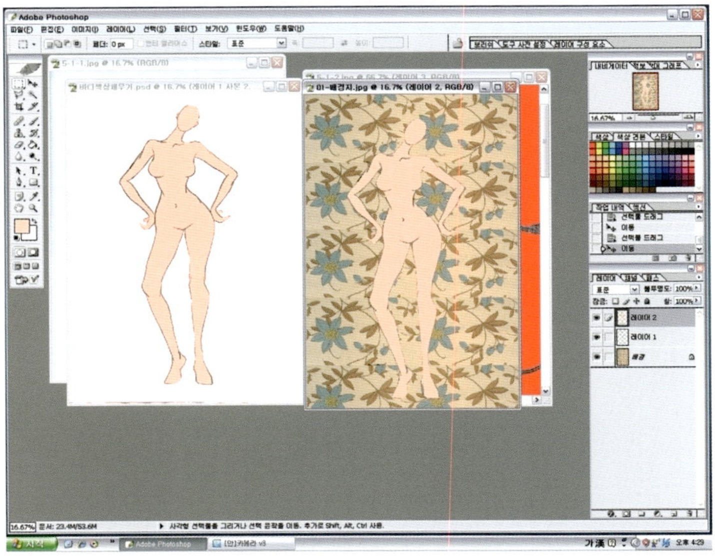

(9) 디지털 패턴지의 장점은 출력 전에 그림과 같이 색채, 명도, 채도, 투명도 등을 배경지와 패턴지, 각각 필요에 따라 조절할 수 있는 편리성이 있다.

(10) 완성된 패턴지를 출력하여 배경지의 무늬를 보디 위에 이어 그린다. 이렇게 하면 카무플라주(camouflage) 보디 페인팅의 경우 배경과 이미지를 쉽게 이어 그릴 수 있다.

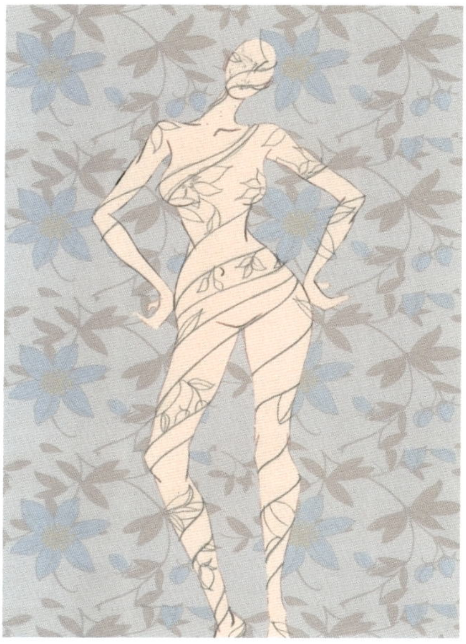

(11) 완성된 카무플라주(camouflage) 보디 페인팅 일러스트레이션

(12) 완성된 카무플라주(camouflage) 보디 페인팅 사진

미리 계획해 둔 보디 페인팅 일러스트레이션에 따라 모델에 작업을 한 후 스듀디오 촬영을 한다. 그리고 촬영된 디지털 데이터를 포토샵에 불러와서 부족한 공간에 새로운 무늬를 올리고 다시 이미지 보정을 하여 완성한 후 특수 벨벳 천 위에 출력 프린트한다.

4. 포토샵 활용 뷰티 일러스트레이션

1) 스캔받기

(1) 스캔하고자 하는 이미지를 스캐너에 잘 위치시킨 후 포토샵을 실행한다.

(2) File 〉 Import 〉에서 각각의 컴퓨터에 설치된 스캐너의 기종을 선택한다.

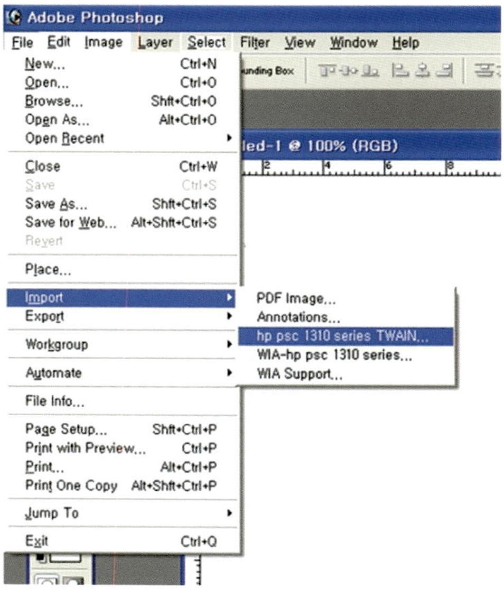

(3) 스캐너에서 입력된 이미지 중 필요한 부분을 선택한다.

(4) 스캔하고자 하는 이미지를 목적한 결과에 맞추어 해상도를 조절한다.
(화면용은 75dpi 정도, 인쇄용은 180dpi 이상으로 해상도를 설정함)

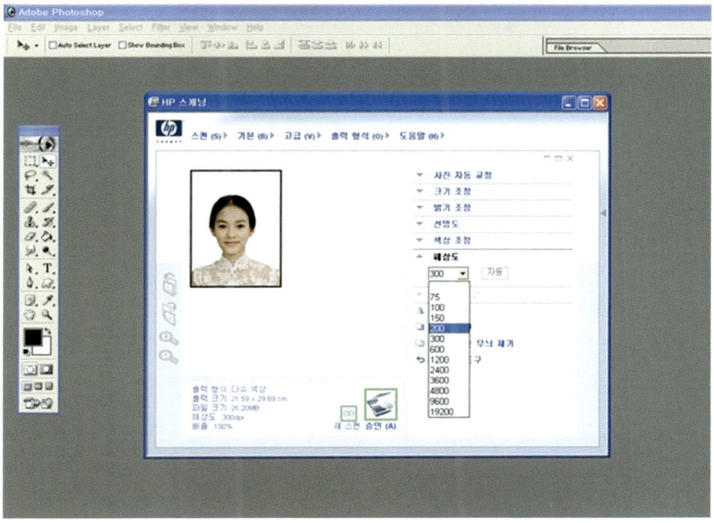

(5) 승인을 선택하여 최종 이미지를 스캔한다.

(6) 스캐너에서 입력된 이미지가 새로운 파일로 나타나는 것을 확인한다.

2) 헤어스타일 변형 따라 하기

선호하는 헤어스타일 이미지를 선택하여 스캔하고 적용할 모델 이미지를 선택한다. 다음의 제시된 헤어스타일을 선택된 모델에게 적용해 보자.

(제시된 헤어)

(적용할 모델)

■ 올가미 툴(Lasso Tool)

(1) 포토샵 툴박스에서 올가미 툴을 선택하여 제시된 헤어스타일의 이미지에서 헤어만 선택한다.

(2) 올가미 툴의 옵션에서 선택 영역의 추가와 삭제를 이용하여 좀 더 정확한 헤어부분만을 선택한다. (단축키-Shift는 영역의 추가/Alt는 영역의 삭제)

■ 퀵 마스크 모드

올가미 툴로 헤어 영역만을 선택한 후 더욱 정확하고 자연스러운 이미지 선택을 위해 퀵 마스크 모드로 작업해 보자.

(3) 다음 그림과 같이 헤어 부분이 영역으로 선택된 상황에서 퀵 마스크 모드를 설정한다.

(4) 마스크의 영역을 자연스럽고 정확하게 설정하기 위해 브러시의 크기와 모양 등을 바꾸어가면서 영역을 설정한다.

(5) 마스크 모드에서는 검정색은 빨강색으로 표현되면서 선택 해제 부분이 되고, 흰색은 무색으로 표현되면서 선택 영역에 해당되는 부분이 된다. 전경의 색과 배경색을 검정과 흰색으로 설정하고 번갈아 가며 선택 영역을 정확히 드로잉한다.

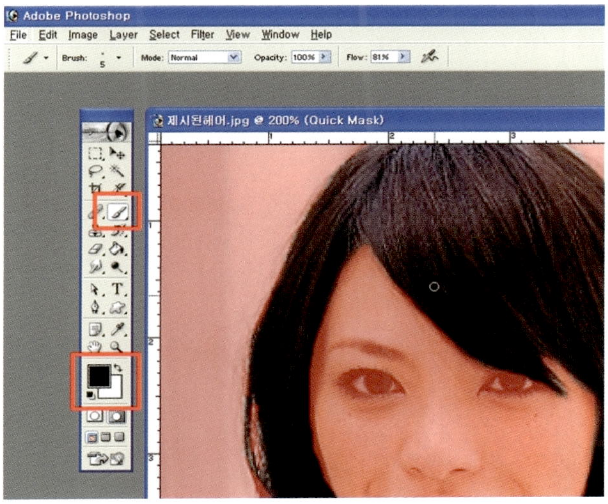

(6) 선택 영역과 비선택 영역을 자연스럽게 모두 드로잉한 후 채널 팔레트을 열어 퀵 마스크 모드의 채널을 단축키 Ctrl을 누른 상태에서 선택하여 영역이 표시되도록 한다.

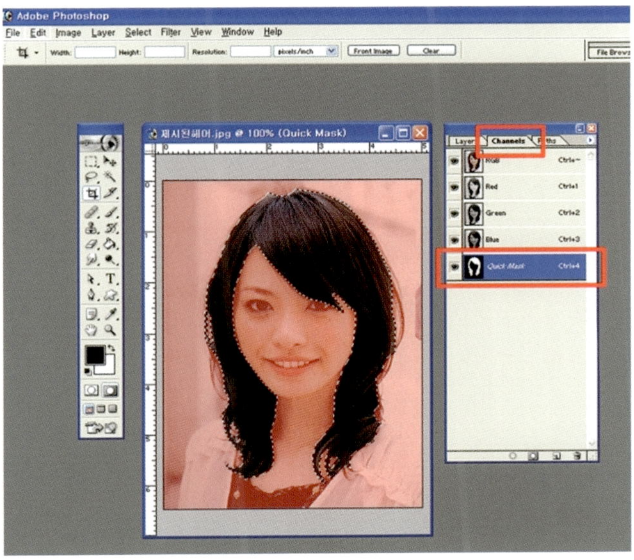

(7) 선택 영역이 표시되면 레이어 파레트로 돌아와 퀵 마스크 모드를 해제한다.

■ 이동 툴

(8) 헤어 부분의 선택 영역 작업이 완성되면 헤어 선택 영역을 복사하여 헤어만 있는 새로운 레이어를 만든다.

(9) 새로 만들어진 헤어 레이어를 툴박스의 이동 툴을 선택한 후 헤어를 적용시킬 모델의 파일로 드래그하여 이동한다. 적용 모델 파일에 자동으로 새로운 헤어 레이어가 생성되는 것을 확인한다.

■ 변형 툴

(10) 새로 생성된 헤어 레이어에서 단축키 Ctrl+T를 눌러 바운딩 박스가 생성되면 한 점을 클릭하여 Shift와 Alt키 등을 눌러 크기와 위치를 조절한다. (단축키 – Shift는 정비례 / Alt는 중심점을 기준으로 비례)

(11) 모양이 잘 맞지 않으므로 바운딩 박스의 한 점을 클릭하고 Ctrl 키를 눌러 형태를 다시 변형시킨다.

(12) 변형 툴의 재사용과 퀵 마스크 모드, 브러시, 도장 툴, 펜 툴 등을 이용해 좀 더 정밀한 작업을 수행한다. 다음은 원하는 헤어스타일을 적용하여 완성시킨 이미지이다.

3) 메이크업 따라하기

선택된 고객의 얼굴 이미지에 디지털 메이크업을 작업해 보자.

[디지털 뷰티 디자인 작업 전]

[디지털 뷰티 디자인 작업 후]

■ 브러시 툴

(1) 제시된 고객의 메이크업하고자 하는 부분을 선택하여 영역화하고 브러시 툴을 선택한다.

(2) 전경 색 부분을 클릭하여 컬러 팔레트가 나오면 상하로 색상을 조절하여 원하는 색상을 선택한다.

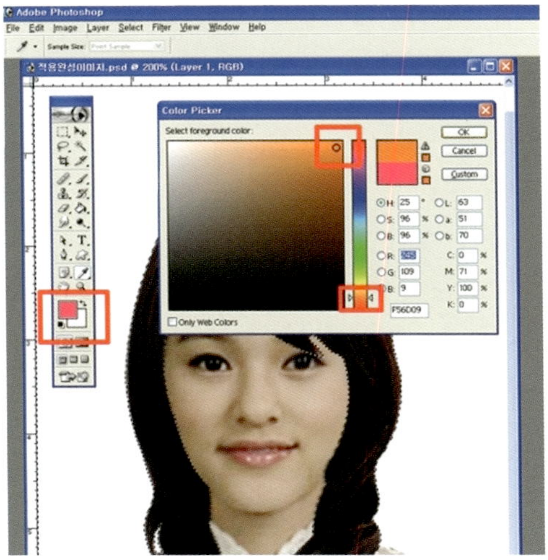

(3) 브러시를 적용하기 전 새로운 레이어를 생성하여 선택하고 브러시의 모양과 크기, 농도 등을 선택한다. 또한, 적용할 위치를 정확히 하여 드로잉 하되 볼 부분은 크고 부드러운 브러시를 사용하여 한 번만에 적용한다.

(4) 위와 같은 브러시를 사용하여 같은 레이어에서 반대편 볼에도 디지털 메이크업을 적용한다.

(5) 적용된 볼 부분의 레이어를 선택하고 Opacity를 조절하여 색상의 농도을 다시 설정한다.

■ 펜 툴

입술 부분의 자연스러운 메이크업을 연출한다.

(6) 툴 박스에서 펜 툴을 선택하고 옵션은 패스 펜 툴을 선택한다.

(7) 펜 툴의 종류를 선택하고 패스 팔레트를 열어 새로운 패스를 생성한다.

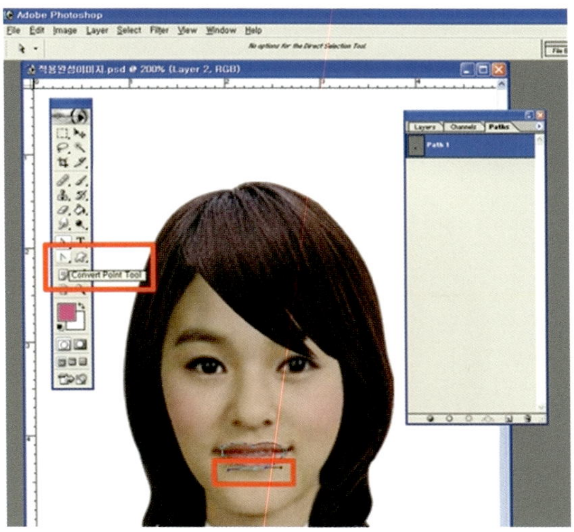

(8) 입 부분의 모양을 패스 펜 툴로 드로잉 하고 직접 선택 툴 등을 사용하여 조절점을 조절한다.

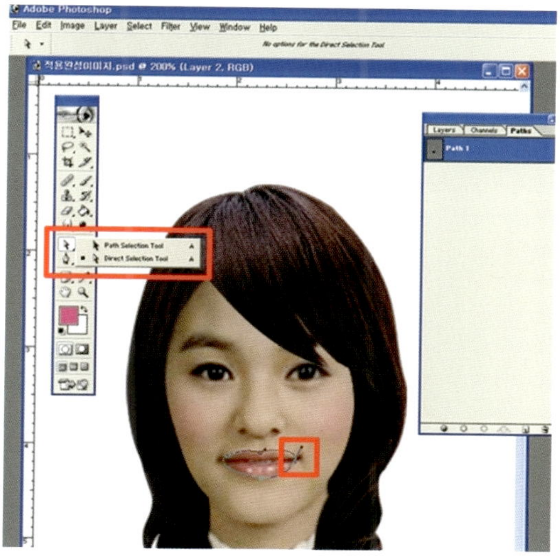

(9) 패스의 정밀한 변형을 위해 변환 툴(Cover Point Tool)을 사용하여 좀 더 정밀한 드로잉 작업을 한다.

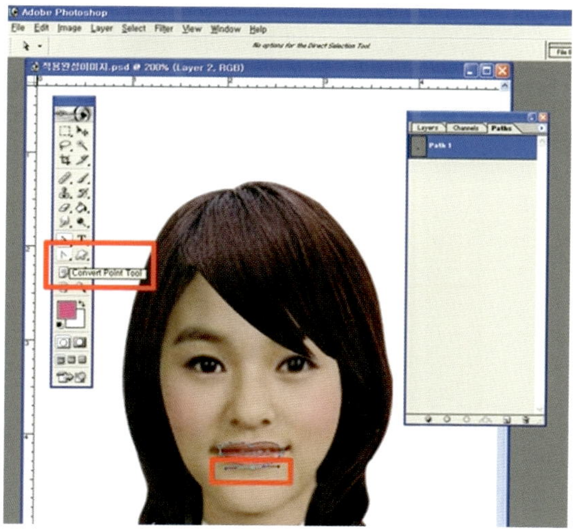

(10) 패스 펜 작업으로 선택할 영역을 드로잉 한 후 Ctrl키를 누르고 패스 팔레트의 드로잉 된 패스를 클릭하면 드로잉 부분이 선택 영역화된다. F.메이크업 작업할 영역이 선택된 후 다시 레이어 팔레트로 돌아와 입술 메이크업을 할 레이어를 새로이 생성하고, 볼 부분의 작업과 동일한 방법으로 브러시를 조절하고 색상을 선택하여 디지털 메이크업을 한다.

(11) 새로 생성한 입술 부분 레이어의 Opacity를 조절하여 색상의 농도를 다시설정한다.

(12) 완성된 이미지를 저장한다.

작품집

Beauty Illustration Collection

각자의 개성을 좀 더 아름답게 예술적으로 표출하고자 하는
인격의 시각화 시대에 있어서,
좀 더 차별화되는 창의적인 인체디자인을 위하여
그 작업의 아이디어 발상이나 표현을 위한
직관적 영감을 시각적으로 전달하고자 계획하는 것이 뷰티 디자인이다.

1. 다양한 재료에 따른 헤어 스케치 작품

같은 헤어 스케치에 있어서도 사용 재료와 도구에 따라 각기 개성적인 이미지를 전달한다.

1 연필

2 파스텔

3 붓펜

4 색연필

(작품 1)

5 붓펜과 파스텔

(작품 2)

(작품 3)

6 붓펜, 연필, 수채화물감

(작품 4)

7 붓펜, 수채색연필

(작품 5)

(작품 6)

8 연필, 붓펜, 파스텔

(작품 7)

(작품 8)

9 연필

(작품 9)

(작품 10)

(작품 11)

⑩ 목탄

(작품 12)

2. 패턴지를 이용한 메이크업 일러스트레이션 작품

1 페이스 아트 일러스트레이션

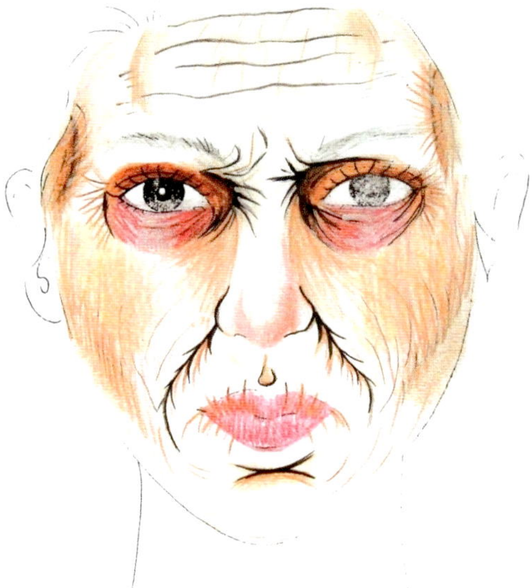

(작품 13)

(작품 14)

(작품 15)

(작품 16)

2 판타지 메이크업 일러스트레이션

(작품 17)

3 분장인물 분석 일러스트레이션

(작품 18)

4 보디 페인팅 일러스트레이션

(작품 19)

3. 자유 소재 메이크업 일러스트레이션

1 다양한 소품 활용 메이크업 일러스트레이션

(작품 20)

(작품 21)

(작품 22)

(작품 23)

(작품 24)

(작품 25)

(작품 26)

2 다양한 소품 활용 마스크 일러스트레이션

(작품 27)

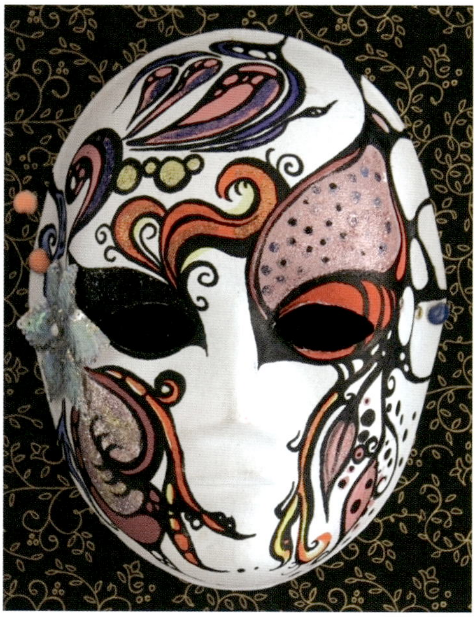

(작품 28)

4. 컴퓨터 그래픽 활용 디지털 메이크업 일러스트레이션

(작품 29)

(작품 30)

INDEX

[작품집 작가]

01.작가 : 김미영	11.작가 : 채혜주	21.작가 : 서은정
02.작가 : 채혜주	12.작가 : 김미영	22.작가 : 배성희
03.작가 : 채혜주	13.작가 : 박미정	23.작가 : 서은경
04.작가 : 김미영	14.작가 : 박미정	24.작가 : 이선하
05.작가 : 채혜주	15.작가 : 박미정	25.작가 : 현지경
06.작가 : 채혜주	16.작가 : 이주영	26.작가 : 재학생
07.작가 : 최영숙	17.작가 : 이주영	27.작가 : 재학생
08.작가 : 김미영	18.작가 : 이주영	28.작가 : 재학생
09.작가 : 김태숙	19.작가 : 이주영	29.작가 : 최영숙
10.작가 : 김미영	20.작가 : 이은정	30.작가 : 최영숙

〈참고문헌〉

- 김선녀(2008),《헤어스타일 일러스트레이션Ⅱ》,(주)도서출판 명성
- 진현용, 최성민(2002),《The Body Art Vol.1》, 도도컴
- widemann(2001),《Digital Beauty》, Italy : Taschen
- Leconte, Sophie(1986),《Maquillages Visages》, Paris : Felurus
- NathanGoldstein(1977),《The art of responsive drawing》, Prentice Hall, NewJersey
- 박경숙(1997),《미용미술》
- Carolyn M. Bloomer(1976), 《Principles of visual perception》, Van nostrand reinhold
- 오태환(1994), 《디자인 통론》, 한국디자인신문사 출판국

- 최영숙(2007), 《아트메이크업에 있어서 컴퓨터그래픽의 활용 방안》, 한성대학교 예술대학원 뷰티예술학과 분장예술학전공 석사학위논문.
- 최영숙(2007), 《뷰티코디네이션에 있어서 컴퓨터그래픽 활용연구》, 계명연구논총 25권
- 박찬호, Hairstory AMOS professional, (주) 아모스 프로페셔널 No.50.2008~No.95.2012

[저자소개]

최영숙(계명문화대학 뷰티코디네이션학부 교수)
김양은(마산대학교 뷰티케어학부 교수)
곽지은(경북과학대학교 뷰티디자인계열 교수)
석은경(신구대학교 산업디자인학부 뷰티스타일링전공 교수)
주은경(부산과학기술대학교 미용계열 교수)
이주영(계명문화대학 뷰티코디네이션학부 겸임교수)

뷰티일러스트레이션

2012년 8월 27일 1판 1쇄 인쇄
2012년 9월 3일 1판 1쇄 발행
지은이 : 최영숙 · 김양은 · 곽지은 · 석은경 · 주은경 · 이주영
펴낸이 : 박정태
펴낸곳 : 광 문 각
413-756
경기도 파주시 문발동 파주출판문화도시 500-8번지
광문각빌딩 4층
등 록: 1991. 5. 31 제12-484호
전화(代): 031)955-8787
팩 스: 031)955-3730
E-mail: kwangmk@unitel.co.kr
홈페이지: www.kwangmoonkag.co.kr
ISBN : 978-89-7093-685-7 13630

정가 : 23,000원

KSPA 한국과학기술출판협회회원